Geometrie entdecken
in technischen Anwendungen

Mareike Mink

Geometrie entdecken in technischen Anwendungen

Lernumgebungen für
MINT-Unterricht mit Alltagsbezug

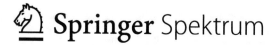

Mareike Mink
Bonn, Deutschland

ISBN 978-3-658-19412-3   ISBN 978-3-658-19413-0 (eBook)
https://doi.org/10.1007/978-3-658-19413-0

Die Deutsche Nationalbibliothek verzeichnet diese Publikation in der Deutschen Nationalbibliografie; detaillier-
te bibliografische Daten sind im Internet über http://dnb.d-nb.de abrufbar.

Springer Spektrum

Verantwortlich im Verlag: Ulrike Schmickler-Hirzebruch

Gedruckt auf säurefreiem und chlorfrei gebleichtem Papier

Springer Spektrum ist ein Imprint der eingetragenen Gesellschaft Springer Fachmedien Wiesbaden GmbH und
ist ein Teil von Springer Nature.
Die Anschrift der Gesellschaft ist: Abraham-Lincoln-Str. 46, 65189 Wiesbaden, Germany

Vorwort

Geometrie im Mathematikunterricht ruft bei Lernenden häufig gegensätzliche Emotionen hervor.

„Nicht schon wieder malen!" „Da muss man so viele Sätze können!" „Das braucht man doch nirgends!" murren die einen. „Das ist schön anschaulich!" „Man hat Begriffe und Aussagen, die man lernen kann!" meinen die anderen.

Mit den Lernumgebungen in diesem Buch sollen Schülerinnen und Schüler beider Gruppen angesprochen werden.

Mit Technik zur Geometrie Um das Zeichnen kommt man zwar auch hier nicht herum. Das exakte Konstruieren steht aber nicht im Vordergrund. Oft geht es um Skizzen, in denen man wesentliche geometrische Eigenschaften der untersuchten Objekte erkennt. Oder es sollen mit einer Dynamischen Geometrie Software (DGS, zum Beispiel © GeoGebra) (animierte) Modelle von beweglichen Mechanismen angefertigt werden.

Zur Bearbeitung der Aufgaben in diesem Buch benötigt man geometrische Begriffe und Aussagen. Manche werden neu eingeführt, andere vorausgesetzt (eine Übersicht ist auf S. 6ff zu finden, ausführlichere Bemerkungen in den einführenden Kommentaren für Lehrpersonen zu Beginn jeder Lernumgebung). Sie stehen aber nicht isoliert für sich, sondern sind eng verknüpft mit technischen Gegenständen. So wird deutlich, wo die Begriffe und Eigenschaften tatsächlich Anwendung finden. Sie sind in verschiedener Weise erfahrbar und dadurch einprägsamer.

Die Technik kann den eher abgeneigten Schülerinnen und Schülern einen neuen Blickwinkel auf Geometrie ermöglichen.

Mit Geometrie zur Technik Und für diejenigen, die Geometrie ohnehin schon mögen? Auf die von Lernenden häufig als positiv empfundene Anschaulichkeit setzt auch dieses Buch. Viele der zu analysierenden Gegenstände tauchen im alltäglichen Umfeld der Schülerinnen und Schüler auf. Zu anderen gibt es Fotos, oder sie sollen im Modell nachgebaut werden.

Begriffe oder Aussagen, die neu eingeführt werden, sind in Kästen klar vom restlichen Text abgegrenzt, so dass sie zum Lernen leicht zu finden sind. Wer einen reichen Fundus geometrischer Begriffe und Sätze zur Verfügung hat, kann diese gerade in offen gestellten Lernumgebungen (insbesondere Blackbox, S. 31ff, oder Suche Umgebung, finde Geometrie, S. 155ff) und Aufgaben einsetzen.

Die Geometrie kann den eher zugeneigten Lernenden einen Einblick in das Themenfeld Technik ermöglichen, wie sie ihn im Schulunterricht ansonsten oft kaum erhalten.

Gleichermaßen negativ wie positiv eingestellte Schülerinnen und Schüler erhalten vielfältige Möglichkeiten, sich mit den Aufgaben zu identifizieren, um die Bedeutung von Geometrie für (ihr) alltägliches Leben zu erfahren. So sollen sie häufig technische Gegenstände selbst in ihrer Umgebung suchen, auf die enthaltene Geometrie hin analysieren und präsentieren.

Mein herzlicher Dank gilt meinem Doktorvater Rainer Kaenders, dem Zweitgutachter meiner Dissertation Andreas Büchter sowie Ulrike Schmickler-Hirzebruch und Barbara Gerlach vom Springer Verlag, ohne deren Unterstützung dieses Buch nicht entstanden wäre.

Bonn, im Februar 2018   Mareike Mink

Inhaltsverzeichnis

Teil I

Zu den Lernumgebungen

KAPITEL 1

Lernumgebungen mit Mehrwert

In diesem Buch werden Aufgaben zu Anwendungen von Geometrie vorgestellt. Den Anwendungen gemeinsam ist, dass sie einen technischen Bezug haben und bewegliche Elemente enthalten.

Authentische Anwendungen für mehr Mathematikverständnis Die Anwendungen in diesem Buch wurden ausgewählt mit dem Ziel, authentisch zu sein. Authentizität bezieht sich hier zum einen auf die Herkunft einer gegebenen Problemstellung oder betrachteten technischen Konstruktion: Sieht sich in der Realität tatsächlich jemand mit einer solchen Frage konfrontiert oder bedient sich eines derartigen Mechanismus'? Zum anderen sind Hintergrund und Motivation der Lernenden zu berücksichtigen: Können sie sich mit der Aufgabe identifizieren?[1]

Der Wert der hier aufgezeigten Anwendungen soll weit über einen Selbstzweck hinausgehen. Die Schülerinnen und Schüler können lernen, ihr mathematisches Wissen an realen Fragenstellungen flexibel einzusetzen – unabhängig von der konkreten Anwendungssituation. Sie können ihr Begriffsnetz weiterentwickeln, sowohl anhand neu einzuführender Begriffe als auch der Vertiefung bereits kennengelernter. Verschiedene mathematische Tätigkeiten werden angesprochen: das Lösen von Problemen, die Kommunikation darüber, Argumentieren, Modellieren und die Nutzung von Werkzeugen (beispielsweise © GeoGebra).

Zusammenstellung der Anwendungsaufgaben zu Lernumgebungen[2] Die Aufgaben in diesem Buch sind in fünfzehn Lernumgebungen zusammengestellt. Der Aspekt, der die Aufgaben einer Lernumgebung miteinander verbindet, kann Ausgangspunkt oder (Zwischen-)Ziel des jeweiligen Kapitels sein.

---

1   Dieser Absatz ist in weiten Teilen auch zu finden in [22, S. 1f]; der Begriff der Authentizität folgt dabei der Darstellung in [2, S. 74f].
2   Dieser Paragraph ist angelehnt an einen Abschnitt in [22, S. 40ff].

Dabei kann es sich zunächst einmal um ein **Problem** handeln – mit *einer* Lösung (wenngleich diese mit Unterschieden in Details ausgeführt werden kann) oder mit *mehreren* verschiedenen. In beiden Fällen gibt es zum einen die Möglichkeit, dass die Schülerinnen und Schüler Bedingungen für einen passenden Mechanismus formulieren und dann in ihrer Umgebung auf die Suche nach einem solchen gehen oder ihn sogar selbst entwickeln. In anderen Lernumgebungen ist die Lösung vorgegeben und soll von den Lernenden untersucht werden.

Gemeinsamkeit einer Lernumgebung kann auch ein **Werkzeug** sein, das in den dort vorgestellten oder zu findenden Konstruktionen auftaucht. Dabei kann es sich um den Mechanismus selbst handeln oder aber um einen mathematischen Begriff oder Sachverhalt, der von diesem realisiert wird.

Schließlich gibt es Lernumgebungen, in denen eine alltägliche **Umgebung** die Verbindung schafft. An einem bestimmten Ort sollen die Schülerinnen und Schüler auf die Suche gehen nach beweglichen Mechanismen, deren verschiedene Funktionsweisen untersuchen und Zwecke benennen. Gerade diese Abschnitte bieten Möglichkeiten, unterschiedliche mathematische Inhalte miteinander zu verknüpfen.

Die verbindenden Elemente – Problem, Werkzeug oder Umgebung – der einzelnen Lernumgebungen sind in einer Tabelle auf S. 6ff aufgeführt.

Didaktische Aspekte   Bei der Konzeption der Lernumgebungen wurden diverse mathematikdidaktische Gesichtspunkte einbezogen. Zwei seien hier beispielhaft genannt.

Die Schülerinnen und Schüler haben vielfältige Gelegenheiten, individuelle Ideen, Funde aus ihrem persönlichen Umfeld oder auch ihre eigene Sichtweise einzubringen. An zahlreichen Stellen wird eine Binnendifferenzierung angeboten. Diese erfolgt nicht nur über den Schwierigkeitsgrad, sondern auch über die Arten mathematischer Tätigkeiten, genutzte Medien oder individuelle Interessen.

Eigene Aktivität und Entdeckungen der Schülerinnen und Schüler sind zentral. Die Aufgabenstellungen und sonstigen Erläuterungen sind so gehalten, dass die Lernenden sie weitgehend selbstständig bearbeiten können. Die Möglichkeit, dabei vielfach nach persönlicher Präferenz vorgehen zu können, wirkt motivationsfördernd.

KAPITEL 2

Einsatz im Unterricht

Einpassung der Lernumgebungen in den Unterricht und Verbindungen zwischen ihnen[1] Die einzelnen Lernumgebungen sind so konzipiert, dass man sie isoliert bearbeiten kann. Zu Grunde gelegt werden Inhalte, die in Mathematik-Lehrplänen und -Schulbüchern aufgeführt sind.[2] Die Themen sind jeweils in sich abgeschlossen und bauen nicht aufeinander auf.

Vorschläge für dennoch mögliche Anknüpfungspunkte über die Kapitel hinweg sind in den einleitenden Texten für Lehrpersonen zu Beginn jeder Lernumgebung zu finden sowie in der Tabelle auf S. 6ff.

Die Einführungen zu den Lernumgebungen erläutern außerdem etwa mathematische Inhalte und geben einen kurzen Überblick über die Aufgaben des jeweiligen Kapitels.

Einsatzmöglichkeiten[3] Für die Lernumgebungen gibt es verschiedene Einsatzmöglichkeiten. Man kann sie komplett oder in Teilen bearbeiten lassen. Die Lernumgebungen können für alle Schülerinnen und Schüler im Unterricht eingebracht werden, angegebene ausführliche Erläuterungen sollten sie aber auch als Hausaufgaben geeignet machen. Genauso können sich Lernende in einem Projekt, in einzelnen Zusatzaufgaben, im Rahmen einer besonderen Lernleistung oder in der Begabtenförderung damit auseinandersetzen.

Verwendung in MINT-Unterrichtsfächern Die Perspektive auf die in diesem Buch vorgestellten Anwendungen ist ganz klar zunächst eine mathematische. Das

---

1   Dieser Paragraph ist angelehnt an einen ebensolchen in [22, S. 44f].

2   Als Orientierung dienten für dieses Buch insbesondere die Kernlehrpläne des Landes Nordrhein-Westfalen für die Sekundarstufen I [20] und II [21] sowie die Schulbuchreihe *Mathematik Neue Wege* in der Ausgabe für Nordrhein-Westfalen [11], [12], [13], [15], [16], [17].

3   Dieser Paragraph ist in weiten Teilen auch zu finden in [22, S. 45].

Anwenden von Mathematik, hauptsächlich von geometrischen Inhalten, und dabei die Förderung mathematischen Verständnisses stehen im Zentrum jeder Lernumgebung.

Die Anwendungen an sich haben jeweils einen technischen Bezug. Die Geometrie ist ein Bereich der schulischen Mathematik, der vielen Schülerinnen und Schülern relativ beliebt ist. Dies kann genutzt werden, um mit einem Einsatz der Lernumgebungen im Mathematikunterricht ein Interesse für technische Fragen anzustoßen. Umgekehrt können aber auch technikinteressierte Lernende über die Anwendungen neu für geometrische Sachverhalte motiviert werden.

Daneben gibt es einzelne Aufgaben, die durch Aspekte aus der Informatik oder Biologie ergänzt sind oder wo sich ein Bezug dorthin anbieten würde (Aufgaben **5A**, S. 27, und **5B**, S. 27, von Ver-rückt und durch-gedreht: Bewegliche Parkettierungen, **7D**, 50, von Rollkurven I – Die Zahn-Zahlen eines Spirographen, Kommentare für Lehrpersonen zu Aufgabe **3C** von Bewegungen auf S. 11, zu Aufgabe **4** von Überall Gelenkvierecke auf S. 69).

Übersicht über die Lernumgebungen　　Die nachstehende Tabelle gibt einen Überblick über die Lernumgebungen. Aufgeführt sind die Aspekte, die die Aufgaben des jeweiligen Kapitels miteinander verbinden (vgl. den Absatz „Zusammenstellung der Anwendungsaufgaben zu Lernumgebungen", S. 3f). Außerdem ist aufgelistet, welche Begriffe bei der Bearbeitung hilfreich sein könnten, an welche typischen Themen schulischen Mathematikunterrichts angeknüpft oder auf welche anderen Kapitel dieses Buches aufgebaut werden kann.

Schließlich gibt es eine Empfehlung, in bzw. ab welcher Jahrgangsstufe ein Einsatz der jeweiligen Lernumgebung angesichts der assoziierten mathematischen Inhalte sinnvoll ist.

Lernumgebung	verbindender Aspekt: Ausgangspunkt oder (Zwischen-) Ziel	Jahrgangsstufe
Bewegungen	Werkzeug: Begriffe – Drehungen, Verschiebungen	6
Ver-rückt und durch-gedreht: Bewegliche Parkettierungen	Werkzeug: Begriffe – Parkettierungen, Drehungen, Verschiebungen	6
Blackbox	Problem mit *einer* Lösung – diese finden / selbst entwickeln	ab 6

Lernumgebung	verbindender Aspekt: Ausgangs-punkt oder (Zwischen-) Ziel	Jahrgangs-stufe
Rollkurven I – Die Zahn-Zahlen eines Spirographen	Werkzeug: Begriffe – Rollkurven, Ortslinien, kleinstes gemeinsames Vielfaches (kgV); Werkzeug: Mechanismus – Spirograph	ab 6
Montage einer Gepäckfachklappe	Problem mit *einer* Lösung – diese finden / selbst entwickeln; mögliche Begriffe: Mittelsenkrechte, Umkreismittelpunkt, Gelenkvierecke	ab 7
Variable Dreiecke	Werkzeug: Mechanismus – variable Dreiecke; anknüpfend an Dreiecks-Kongruenzsätze	7
Überall Gelenkvierecke	Werkzeug: Mechanismus – Gelenk-vierecke; anknüpfend an Dreiecks-Kongruenzsätze	7
Angewandte Gelenkparallelogramme	Werkzeug: Mechanismus – Gelenk-parallelogramme; anknüpfend an Vierecksarten; möglicher Aufbau auf Überall Gelenkvierecke	8
Hoch hinaus: Leitern	Umgebung: Leitern; mögliche Begriffe: Drehungen, Verschiebungen, variable Dreiecke, Gelenkvierecke, Gelenkparallelogramme	ab 8
Was steckt im Pantographen?	Werkzeug: Begriff – zentrische Streckung; Werkzeug: Mechanismus – Pantographen; möglicher Aufbau auf Angewandte Gelenkparallelogramme	9
... und was steckt im Plagiographen?	Werkzeug: Begriff – Drehstreckung; Werkzeug: Mechanismus – Plagiographen; möglicher Aufbau auf Bewegungen, Angewandte Gelenkparallelogramme, Was steckt im Pantographen?	9

Lernumgebung	verbindender Aspekt: Ausgangs-punkt oder (Zwischen-) Ziel	Jahrgangs-stufe
Rollkurven II – Mit Uhren und Gelenkparallelogrammen	Werkzeug: Begriff – Rollkurven; Werkzeug: Mechanismus – Gelenkparallelogramme; möglicher Aufbau auf Rollkurven I – Die Zahn-Zahlen eines Spirographen, Angewandte Gelenkparallelogramme	ab 9
Welche ist die beste Bustür?	Problem mit *mehreren* Lösungen – eine finden / selbst entwickeln; Umgebung: Bustüren; mögliche Begriffe: Drehungen, Verschiebungen, Gelenkvierecke, Ellipsenlenker, Satz des Thales	ab 9
Suche Umgebung, finde Geometrie	Umgebung: selbst gewähltes Umfeld	ab 9
Rollkurven III – Ein kurviger Antrieb	Werkzeug: Begriff – Rollkurven; möglicher Aufbau auf Rollkurven I – Die Zahn-Zahlen eines Spirographen, Rollkurven II – Mit Uhren und Gelenkparallelogrammen	ab 9

Teil II

Lernumgebungen

KAPITEL 3

Bewegungen

Unsere alltägliche Umgebung steckt voller beweglicher Mechanismen. Einige davon sollen mit dem vorliegenden Buch aufgegriffen und untersucht werden.

Mit den beiden elementaren Bewegungen **Drehungen** und **Verschiebungen**[1] können sich die Schülerinnen und Schüler in dieser Lernumgebung[2] auseinander-setzen.

In den beweglichen Konstruktionen der nachfolgenden Kapitel findet man dann zahlreiche Bauteile, die Rotationen oder Translationen ausführen. Je nach deren Verknüpfung entstehen Mechanismen mit einem breiten Spektrum an Eigenschaften und zu verschiedensten Zwecken.

In Bewegungen werden auch wichtige modellierende Vorgehensweisen einge-übt: das Herausfiltern wesentlicher Größen (Aufgabe **1**), die Wahl einer geeigneten Perspektive für eine Darstellung sowie die Umsetzung von letzterer, damit einher-gehend die Reduktion von drei auf zwei Dimensionen (Aufgabe **2**).

Beides, solide Kenntnisse zu Drehungen und Verschiebungen sowie Erfahrung im geometrischen Modellieren, ist für die weiteren Lernumgebungen hilfreich.

Für Aufgabe **3** geht es darum, die neuen Erkenntnisse übersichtlich und anspre-chend zu präsentieren. Die Wahlmöglichkeiten in der Bearbeitung beziehen sich auf den Umgang mit einer Dynamischen Geometrie Software (DGS) (Aufgabe **3B**) oder das selbstständige Auffinden und Dokumentieren weiterer technischer An-wendungen der kennengelernten Bewegungsarten im persönlichen Lebensumfeld (Aufgabe **3A**, **3C**).

---

1   Wobei jede Verschiebung auch als Spezialfall von Drehungen aufgefasst werden kann, und zwar um einen unendlich weit entfernten Punkt.

2   Die Lernumgebung Bewegungen stimmt in weiten Teilen überein mit einem gleich betitelten Abschnitt in [22, S. 49ff].

Dabei ist **3C** auch gut geeignet für eine Verbindung zur Biologie: In der Aufgabe geht es um Bewegungen im Raum und damit beispielsweise um Drehachsen oder Kugelgelenke. Solche findet man in verschiedenen Gelenken etwa des menschlichen Körpers wieder, was hier im Sinne eines MINT-fächerübergreifenden Unterrichtes eingebunden werden könnte.

Bewegungen

Unsere alltägliche Umgebung steckt voller beweglicher Gegenstände. In diesem Abschnitt betrachtet Ihr einige davon. Sowohl die Geräte als auch die Bewegungsarten sind Euch zumindest teilweise bestimmt schon begegnet.

Von den folgenden Fotos in den Abbildungen 3.1–3.12 zeigen jeweils zwei den gleichen Gegenstand. Zwischen den Aufnahmen hat eine Bewegung stattgefunden.

Bearbeitet zunächst die Aufgaben **1** und **2** im Zweier- oder Dreierteam.

Abb. 3.1

Abb. 3.2

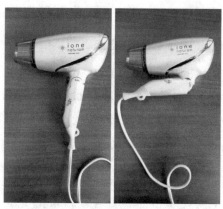

Abb. 3.3

Abb. 3.4

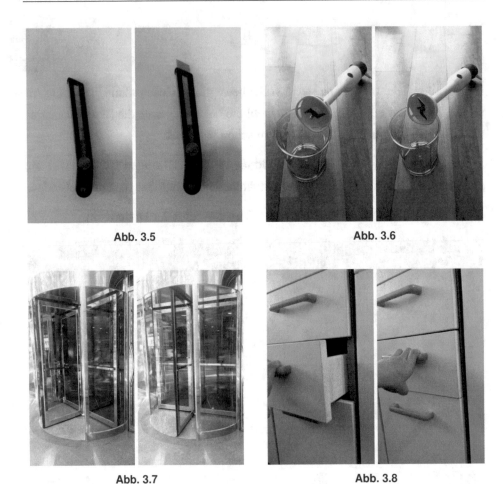

Abb. 3.5   Abb. 3.6

Abb. 3.7   Abb. 3.8

1 **a** Einigt Euch auf Namen für die abgebildeten Gegenstände.

    b Sortiert die Gegenständen in Gruppen von „gleichartigen" Veränderungen. Ihr könnt die Gruppen auch noch weiter unterteilen, wenn Euch das sinnvoll erscheint.

    c Findet Bezeichnungen oder Beschreibungen für die einzelnen Gruppen.

2 **a** Überlegt Euch für jeden Gegenstand, welchen Blickwinkel man wählen sollte, um seine Veränderung in einer zweidimensionalen Zeichnung möglichst klar darzustellen. (Dieser Blickwinkel muss nicht unbedingt dem entsprechen, aus dem die Fotos aufgenommen wurden.)

    Welche Informationen benötigt man, um die verschiedenen Bewegungsarten so zu zeichnen?

Abb. 3.9

Abb. 3.10

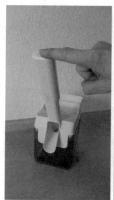

Abb. 3.11

Abb. 3.12

b Formuliert für jede Bewegungsart eine mehrschrittige Konstruktionsanleitung.

c Wählt dann aus jeder der in Aufgabe **1** gefundenen Gruppen einen Vertreter aus, der Euch besonders typisch erscheint. Fertigt jeweils eine vereinfachte Zeichnung an, die seine Bewegung in einer zweidimensionalen Darstellung zeigt.

Die in den Fotos in den Abbildungen 3.1–3.12 gezeigten Bewegungen lassen sich in **Drehungen** und **Verschiebungen** unterteilen. Diese kann man folgendermaßen definieren:

Definition

Die **Drehung** $D_{Z;\varphi}$ mit **Drehzentrum** Z und **Drehwinkel** φ bildet einen Punkt P ab auf den Punkt P' mit $\angle PZP' = \varphi$ und $\overline{ZP'} = \overline{ZP}$.[3]

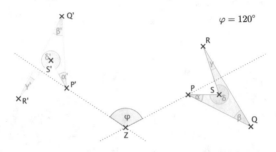

Definition

Die **Verschiebung** V_v mit **Verschiebungspfeil** v bildet einen Punkt P ab auf den Punkt P' mit $PP' \parallel v$ und $\overline{PP'} = |v|$, wobei $|v|$ die Länge des Verschiebungspfeils v meint.[4]

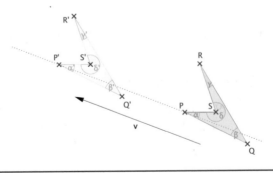

Drehungen und Verschiebungen werden als **Abbildungen** bezeichnet, weil sie zu einer gegebenen Figur, einem „ursprünglichen" **Urbild**, eine neue Figur liefern, ein **Abbild**.

---

3   Vgl. etwa [12, S. 172]
4   Vgl. etwa [12, S. 177]

Genauer gehören Drehungen und Verschiebungen zu den **Kongruenzabbildungen**, abgeleitet vom lateinischen *congruentia*, was „Übereinstimmung" bedeutet. Das kommt daher, dass bei ihnen Urbild und Abbild genau gleich aussehen, d. h. gleiche Form und gleiche Größe haben: Sie sind **kongruent** zueinander. Nur die Lage kann sich verändern.[5]

Die Kongruenz von Ausgangsfigur und ihrem Abbild kann man in geometrischen Eigenschaften ausdrücken, siehe die folgenden Punkte **(1)** und **(2)** zu Drehungen bzw. **(1)** und **(2)** zu Verschiebungen.

Die Lageveränderung durch die Drehung oder Verschiebung kann ebenfalls charakterisiert werden, siehe die Eigenschaft **(3)** zu Drehungen bzw. **(3)** zu Verschiebungen unten.

Von den aufgeführten Merkmalen habt Ihr bestimmt einige schon in Aufgabe **2** genutzt, bewusst oder unbewusst, vor allem für Eure Zeichnungen zu **2c**.

Weitere Eigenschaften der Drehung $D_{Z;\varphi}$:

(1) Entsprechende **Winkel** in Ausgangs- und Bildfigur sind **gleich groß**.

Für die beiden Beispiel-Vierecke zur Definition oben bedeutet das: $\alpha' = \alpha, \beta' = \beta, \gamma' = \gamma, \delta' = \delta$.

(2) Die **Strecken** der Bildfigur sind jeweils **genauso lang** wie die entsprechenden Strecken der Ausgangsfigur.

Es gilt also: $\overline{P'Q'} = \overline{PQ}, \overline{Q'R'} = \overline{QR}, \overline{R'S'} = \overline{RS}, \overline{S'P'} = \overline{SP}$.

(3) Jede **Bildstrecke** liegt im **Winkel** φ zu ihrer **Ausgangsstrecke**.

Das heißt bei den Vierecken oben: $\angle(PQ)(P'Q') = 120°$, $\angle(QR)(Q'R') = 120°, \angle(RS)(R'S') = 120°, \angle(SP)(S'P') = 120°$.

Weitere Eigenschaften der Verschiebung V_v:

(1) Entsprechende **Winkel** in Ausgangs- und Bildfigur sind **gleich groß**.

Für die beiden Beispiel-Vierecke zur Definition oben bedeutet das: $\alpha' = \alpha, \beta' = \beta, \gamma' = \gamma, \delta' = \delta$.

---

5   In den Lernumgebungen Was steckt im Pantographen? und ... und was steckt im Plagiographen? geht es um eine andere Art von Abbildungen: *Ähnlichkeitsabbildungen*. Wendet man eine Ähnlichkeitsabbildung auf eine Figur an, so erhält man als Abbild eine Figur, die der ursprünglichen ähnlich sieht, aber nicht ganz gleich sein muss. Und zwar stimmt die Form noch überein, die neue Figur kann aber größer oder kleiner sein.

(2) Die **Strecken** der Bildfigur sind jeweils **genauso lang** wie die entsprechenden Strecken der Ausgangsfigur.

Es gilt also: $\overline{P'Q'} = \overline{PQ}$, $\overline{Q'R'} = \overline{QR}$, $\overline{R'S'} = \overline{RS}$, $\overline{S'P'} = \overline{SP}$.

(3) Jede **Bildstrecke** ist **parallel** zu ihrer **Ausgangsstrecke**.

Das heißt bei den Vierecken oben: $P'Q' \parallel PQ$, $Q'R' \parallel QR$, $R'S' \parallel RS$, $S'P' \parallel SP$.

Erstellt im Zweier- oder Dreierteam – mit den alten oder neu gebildeten Gruppen – ein Poster zum Thema „Drehungen und Verschiebungen". Ihr könnt dabei die beweglichen Gegenstände aus Aufgabe **1** oder Eure Ergebnisse aus Aufgabe **2** einbeziehen, müsst es aber nicht.

Mindestens einer der drei folgenden Punkte sollte in Eurem Poster ebenfalls behandelt werden.

3A Sucht in Eurer Umgebung weitere Mitglieder für die in Aufgabe **1** gefundenen Gruppen und dokumentiert sie mit Fotos, Filmen oder Zeichnungen.

3B Erläutert, wie man bei einer DGS (etwa © GeoGebra) ein Objekt in der Ebene dreht oder verschiebt. Dazu könnt Ihr zum Beispiel auch Bilder ausdrucken, die Schritte der Konstruktion zeigen.

3C Die eigentlich ja dreidimensionalen drehenden Gegenstände aus Aufgabe **1** haben alle jeweils *eine Drehachse*. Wenn man das Objekt an einer beliebigen Stelle senkrecht zu dieser Achse „durchschneidet" und entlang der Achse auf die Schnittfläche schaut, sieht man die Achse als Drehpunkt, um die die jeweilige Schnittfläche sich dreht. Solch eine Perspektive solltet Ihr für Aufgabe **2a** finden, um die Objekte in **2c** dann in einer zweidimensionalen Zeichnung darzustellen.

Es gibt auch Konstruktionen, bei denen sich ein dreidimensionales Objekt um *zwei verschiedene Achsen* (in verschiedenen Ebenen) anstatt einer oder um *einen einzelnen Drehpunkt* drehen lässt.

Findet solche Gegenstände und dokumentiert sie mit Fotos, Filmen, Zeichnungen oder Beschreibungen!

KAPITEL 4

Ver-rückt und durch-gedreht:
Bewegliche Parkettierungen

Im Zusammenhang mit Kongruenzabbildungen sind Parkettierungen in diversen Schulbüchern etwa der Jahrgangsstufe 6 zu finden.[1] Auch in der Lernumgebung Ver-rückt und durch-gedreht: Bewegliche Parkettierungen setzen sich die Schülerinnen und Schüler insbesondere mit Translations-, Dreh- und Achsensymmetrie auseinander. Hinzu kommt der Aspekt der Bewegung: Die Parkettfliesen werden tatsächlich verschoben, gedreht oder gespiegelt, passend zu den Symmetrie-assoziierten Abbildungen.

Ausgangspunkt – neben Parkettierungen an sich (Aufgabe **1**) – und mögliches Ziel ist in dieser Lernumgebung jeweils ein Spiel, was bei den Schülerinnen und Schülern für große Motivation sorgen kann. „Das verrückte Labyrinth" [9] wird geometrisch variiert.

So fragt Aufgabe **2**, in welchen anderen Parkettierungen ebenfalls die Fliesen gegeneinander verschoben werden können. In wie viele Richtungen ist das gegebenenfalls möglich? Und wird dabei jeweils eine Karte auf dem Spielfeld ausgetauscht oder mehrere?

Welche Typen von Wegkarten sollten jeweils unterschieden werden (Aufgabe **3**)? Je mehr Drehsymmetrien eine Fliesenform aufweist, desto mehr Optionen hat der Spieler am Zug, die Karte in unterschiedlichen Orientierungen auf das Spielfeld zu schieben. Ist aber auch der Weg auf der Karte drehsymmetrisch, so reduziert sich diese Anzahl wieder. Sofern die Spielkarten Achsensymmetrien besitzen und geeignet beidseitig bedruckt oder durchsichtig[2] sind, gibt es ebenfalls mehr Möglichkeiten.

---

1   Beispielsweise in [12, S. 176]
2   Hier sind die Karten durchsichtig. So wird dargestellt, dass die Wege auf den beiden Seiten durch eine Achsenspiegelung auseinander hervorgehen ohne den Begriff der Spiegelung zu nennen.

Nach dem „verrückten" wird in Aufgabe **4** ein „durchgedrehtes" Labyrinth betrachtet. Dafür ist entscheidend, ob die genutzte Parkettierung eine drehsymmetrische Struktur aufweist.

Anschließend kann von den Schülerinnen und Schülern jeweils eine Aufgabe ausgewählt (oder ihnen vorgegeben) werden.

In Wahlaufgabe **5A** können sie ihre eigene Spiel-Version entwickeln. Dies bietet sich für ein fächerübergreifendes Projekt an: Nachdem ein Spiel im Mathematikunterricht inhaltlich-geometrisch konzipiert wurde (Teil **a**), kann es im Fach Kunst oder Werken real oder in Informatik als Computerprogramm umgesetzt werden (Teil **b**). Auch der Deutsch- oder Fremdsprachenunterricht kann einbezogen werden (Teil **c**): Wie schreibt man eine verständliche Nutzerinformation, in diesem Fall eine Spieleanleitung? Schließlich bieten auch die im Labyrinth zu erreichenden Gegenstände Variationspotenzial: etwa als Fragen zu Themen aus anderen Unterrichtsfächern.

Alternativ fragt Wahlaufgabe **5B** nach einer zweidimensionalen Version eines Laufbandes. Die Fortbewegung der Spielfiguren im Labyrinth soll so auf eine Anwendung übertragen werden. Die Schülerinnen und Schüler nehmen eine technische Perspektive ein und beleuchten eine mögliche Realisierung kritisch. Auch Optimierungsaspekte werden angesprochen. Eine Bearbeitung in Kooperation etwa mit einem Unterrichtsfach Technik liegt nahe, ist aber nicht notwendig. Auch eine Verbindung zum Informatikunterricht ist möglich, indem die Lernenden ihre Überlegungen in ein Computermodell umsetzen.

In Wahlaufgabe **5C** geht es ebenfalls um die Übertragung der Spielidee in eine technische Anwendung: eine Abdunklung für ein Fenster, bestehend aus miteinander verbundenen Lamellen. Diese soll sich – wie die Karten in „Das verrückte Labyrinth" – in voneinander linear unabhängige Richtungen bewegen lassen oder auf ein Fenster mit außergewöhnlicher Form zugeschnitten sein. Anschließend sollen die Schülerinnen und Schüler ihren Entwurf in einem Modell nachbauen. Diese Aufgabe bietet sich für eine fächerübergreifende Bearbeitung etwa mit Technik, Kunst oder Werken an.

Ver-rückt und durch-gedreht: Bewegliche Parkettierungen

Vielleicht habt Ihr im Unterricht schon Parkettierungen kennengelernt. Hier könnt Ihr untersuchen, wie man Bewegung in Parkette bringen kann.

1   Möchte man mit regelmäßigen *n*-Ecken parkettieren, und zwar jeweils mit einer Sorte, so gibt es dafür nur drei Möglichkeiten: gleichseitige Dreiecke, Quadrate und regelmäßige Sechsecke, siehe Abb. 4.1.

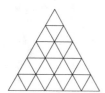 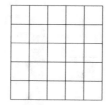 

Abb. 4.1   Parkettierung mit regelmäßigen *n*-Ecken: gleichseitige Dreiecke – Quadrate – regelmäßige Sechsecke (Modell erstellt mit © GeoGebra)

Skizziere drei weitere Parkettierungen mit jeweils einer anderen geometrischen Form als Parkettfliese (aber nur mit einer Sorte pro Parkettierung).

Tauscht Euch anschließend in Zweier- bis Dreiergruppen über Eure Ergebnisse aus. Wählt drei Parkettierungen aus, die Ihr als zueinander besonders verschiedenartig anseht.

Bearbeitet die folgenden Aufgaben **2-4** im Zweier- oder Dreierteam.

2   Vielleicht kennen einige von Euch das Spiel „Das verrückte Labyrinth" vom Spieleverlag Ravensburger, siehe Abb. 4.2.

In einem Labyrinth aus quadratischen Mauerkarten bahnen sich die Spieler durch Verschieben dieser Karten ihre Wege. Ziel ist es, diverse Gegenstände im Labyrinth zu erreichen und anschließend als Erster wieder zum Startpunkt zurückzukehren.

Es gibt eine Karte mehr als auf dem Spielfeld Platz hat. Der Spieler am Zug schiebt die jeweils freie Karte in eine der Reihen, parallel zu einem Paar von Spielfeldseiten. Die Karten in dieser Reihe bewegen sich dadurch mit. Die

Abb. 4.2   „Das verrückte Labyrinth" vom Spieleverlag Ravensburger

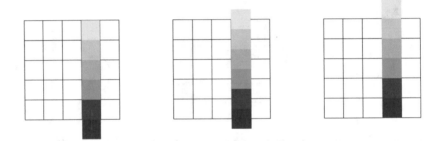

Abb. 4.3   Eine Kartenreihe verschieben im Quadrat-Parkett (Modell erstellt mit © GeoGebra)

Karte am Reihenende wird vom Spielfeld geschoben und an den nächsten Spieler weitergegeben, siehe Abb. 4.3.

Das Schieben ist hier in vier Richtungen möglich: wie in Abb. 4.4 angezeigt nach links, rechts, oben und unten.

Auch die Parkettierung aus gleichseitigen Dreiecken lässt sich verschieben, in sechs Richtungen wie in Abb. 4.4 eingezeichnet.

Um allerdings bei einer begrenzten Parkettfläche wie einem Spielfeld wieder die gleiche Randform wie vor einem Zug herzustellen, muss man jeweils zwei Spielkarten hinein- und herausschieben, siehe Abb. 4.5.

Die regelmäßig sechseckigen Karten können so jedoch nicht verschoben werden (0 Richtungen). Sie blockieren sich gegenseitig.

a Sucht in Euren aus Aufgabe **1** oder skizziert weitere Beispiele von Parketten (mit jeweils **einer** Parkettfliese), die in keine, vier oder sechs Richtungen verschiebbar sind. Dabei sollen die Karten nicht angehoben, sondern nur auf dem Spielfeld bewegt werden!

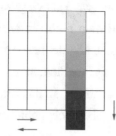

Abb. 4.4 Vier bzw. sechs Richtungen zum Verschieben des Quadrat- bzw. gleichseitige Dreiecke-Parketts (Modell erstellt mit © GeoGebra)

Abb. 4.5 Eine Kartenreihe verschieben im gleichseitige Dreiecke-Parkett (Modell erstellt mit © GeoGebra)

Findet Ihr auch welche, die in andere Anzahlen von Richtungen verschoben werden können (also in eine, zwei, drei, fünf oder mehr als sechs Richtungen)? Wie viele Karten werden bei einem Zug jeweils ausgetauscht?

b Gebt Eigenschaften an, die ein Parkett in $0, 1, 2, 3, 4, 5, 6, \ldots$ Richtungen verschiebbar machen bzw. begründet gegebenenfalls, warum es ein solches Parkett nicht geben kann.

3 Die Mauerkarten des Labyrinth-Spieles gibt es in drei verschiedenen Ausführungen: mit geradem Weg, als rechtwinklige Kurve und als T-Kreuzung, siehe Abb. 4.6.

Abb. 4.6 Kartenvarianten: gerader Weg – rechtwinklige Kurve – T-Kreuzung

Auch eine Viererkreuzung wie in Abb. 4.7 links wäre als Weg-Variante möglich, sie gibt es in dem Spiel aber nicht. Wenn man nicht voraussetzt, dass die Wege durch die Kartenmitte verlaufen müssen, könnte man eine weitere Karte hinzufügen: mit zwei Kurven, die sich nicht schneiden, siehe Abb. 4.7 Mitte. Schließlich könnte man noch eine Brücke erfinden, so dass man die Karte in zwei Richtungen geradeaus überqueren kann, aber nicht abbiegen, vgl. Abb. 4.7 rechts.

Abb. 4.7 Mögliche weitere Kartenvarianten: Viererkreuzung – zwei Kurven, die sich nicht schneiden – Brücke (Modelle erstellt mit © GeoGebra)

Für das Parkett aus gleichseitigen Dreiecken könnte man zwei Kartentypen unterscheiden: eine 120°-Kurve und eine Dreierkreuzung, siehe Abb. 4.8.

Abb. 4.8 Kartenvarianten: 120°-Kurve – Dreierkreuzung (Modelle erstellt mit © GeoGebra)

a Der Spieler am Zug entscheidet, in welcher Ausrichtung er die Karte auf das Spielfeld schiebt. Bei der rechtwinkligen Kurve sowie der T-Kreuzung sind vier Orientierungen zu unterscheiden, bei dem geraden Weg nur zwei, siehe Abb. 4.9 – 4.11.

Bei den gleichseitigen Dreiecken hat man für die 120°-Kurve drei verschiedene Orientierungen, vgl. Abb. 4.12. Für die Dreierkreuzung ist es natürlich egal, in welcher Ausrichtung man die Karte schiebt.

Zeichnet die Wegkarten, die für Eure verschiebbaren Parkettierungen aus Aufgabe **2** jeweils unterschieden werden sollten. Zwischen wie vielen Orientierungen der Spielkarte kann der Spieler am Zug jeweils auswählen?

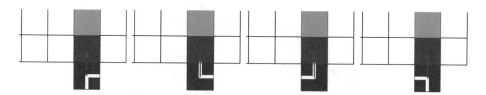

Abb. 4.9 Vier Orientierungen für die rechtwinklige Kurve (Modell erstellt mit
© GeoGebra)

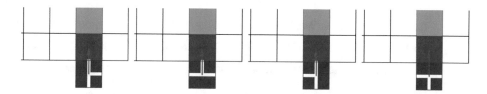

Abb. 4.10 Vier Orientierungen für die T-Kreuzung (Modell erstellt mit © GeoGebra)

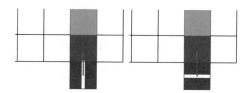

Abb. 4.11 Zwei Orientierungen für den geraden Weg (Modell erstellt mit © GeoGebra)

Abb. 4.12 Drei Orientierungen für die 120°-Kurve – eine für die Dreierkreuzung
(Modell erstellt mit © GeoGebra)

b Nun nehmen wir an, die Spielkarten seien aus einem durchsichtigen Materi-
al gefertigt, mit undurchsichtigen Mauern, so dass sie prinzipiell beidseitig
verwendet werden können.

Für die quadratischen Karten ergibt sich daraus kein zusätzlicher Nutzen. So hätte man die Änderung von Abb. 4.13 links nach 4.13 rechts
anstatt durch Umdrehen der Karte auch durch eine 90°-Drehung um den
Kartenmittelpunkt erreicht (wie in Teil **a** thematisiert und in Abb. 4.9 zu
sehen).

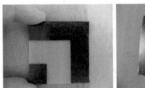

Abb. 4.13   Durchsichtige Karte mit undurchsichtigen Mauern, beidseitig verwendbar

Bei welchen Eurer Wegkarten aus Teil **a** (unterscheidet sowohl nach der Form als auch nach den Wegen darauf) hat der Spieler mehr Möglichkeiten, wenn er die Karte in der beschriebenen Art beidseitig verwenden kann?

c   Was ändert sich bei den Überlegungen in **a** und **b**, wenn man Einbahnstraßen einführt, d. h. Wege, die nur in einer Richtung passiert werden können?

4   Nachdem wir in den Aufgaben **2** und **3** die Form und weitere Gestaltung der Karten variiert haben, ändern wir nun die Art der Bewegung: von schieben zu drehen.

Dazu wählen wir einen Punkt P, an dem mindestens drei Spielkarten zusammentreffen. Dann drehen wir diese Karten um P um einen geeigneten Winkel φ mit $0° < \varphi < 360°$. In Abb. 4.14 sieht man ein Beispiel: Hier werden die sechs bei P zusammentreffenden Karten um P um $120°$ gedreht.

Abb. 4.14   Geänderte Kartenbewegung: drehen statt schieben (Modell erstellt mit © GeoGebra)

Um dies mit richtigen Karten umzusetzen, müsste man sie natürlich vom Spielfeld anheben und in ihrer jeweils neuen Position wieder ablegen. Das ist also anders als beim Verschieben in Aufgabe **2**, wo explizit gefordert wurde, dass die Karten auf dem Spielfeld bleiben sollen! Deshalb funktioniert das Schieben dort mit den regelmäßigen Sechsecken nicht.

Der 120°-Winkel ist nicht der einzige, um den die gleichseitigen Dreiecke gedreht werden könnte: Auch 60°, 180°, 240° und 300° funktionieren. Das sind insgesamt also fünf mögliche Drehwinkel.

a Sucht in den bisher betrachteten Parketten – Quadrat-, regelmäßige Sechseckfliesen, Euren aus den Aufgaben **1** und **2a** – oder skizziert weitere Beispiele (mit jeweils einer Parkettfliese), die im obigen Sinne drehbar sind. Um wie viele verschiedene Winkel kann hier jeweils gedreht werden?

b Gebt Eigenschaften an, die ein Parkett um $0, 1, 2, 3, 4, 5, \ldots$ Winkel drehbar machen bzw. begründet gegebenenfalls, warum es ein solches Parkett nicht geben kann.

Wähle von den folgenden Aufgaben **5A–5C** eine zur Bearbeitung im Zweier- oder Dreierteam aus.

5A **a** Entwerft selbst ein Labyrinth-Spiel. Dazu könnt Ihr Ideen aus den vorangehenden Aufgaben nutzen sowie weitere eigene einbringen.

b Realisiert Eure Version als selbst gebautes Brett- oder selbst programmiertes Computerspiel.

c Schreibt Spielregeln zu Eurer Variante.

5B Bearbeitet die Aufgabenteile **a** und **b** zunächst beide theoretisch. Wählt anschließend Teil **a oder** Teil **b** aus und erstellt ein real gebautes oder ein Computermodell dazu, das die Ergebnisse von Euren theoretischen Bearbeitungen aufgreift.

a Beispielsweise an Flughäfen findet man häufig Laufbänder für Personen. Ein solches ist in Abb. 4.15 links zu sehen. Es besteht nicht (wie etwa Förderbänder an Ladenkassen) aus einem Stück, sondern ist aus Metallteilen mit rechteckiger Grundfläche zusammengesetzt. Damit könnte man eine Analogie erkennen zu den Karten in einer Reihe des Labyrinth-Spiels.

Befasst Euch mit einer potenziellen zweidimensionalen Realisierung des Laufbandes, analog zum kompletten Labyrinth-Spielfeld. Das heißt, man soll sich nicht nur auf einem geraden Abschnitt vor- oder zurückbewegen, sondern auf einer ebenen Fläche in mehr verschiedene Richtungen gelangen können.

Wo könnte so eine Konstruktion angewandt werden? Welche technischen Schwierigkeiten ergeben sich? Welche Gesamtflächen- und Fliesenform ist geeignet? Wie können die Weglängen oder Zeiten optimiert werden, die man von bestimmten Punkten der Laufläche aus zu anderen benötigt?

Abb. 4.15   Laufband an einem Flughafen – Drehtür

b Die drehende Spielversion aus Aufgabe **4** ist von Drehtüren (Abb. 4.15 rechts) inspiriert. Habt Ihr Ideen für technische Anwendungen, wo man dies mit mehreren Drehelementen zusammen (so, wie man im Spiel ja auch viele verschiedene Punkte als Drehzentrum auswählen kann) nutzen könnte? Welche technischen Schwierigkeiten hätte man dabei?

5C Zur Abdunklung von Räumen gibt es verschiedene Lamellen-Konstruktionen, siehe Abb. 4.16. Sie bestehen aus mehreren gleichen Teilen, die miteinander verbunden sind und vor ein Fenster gezogen werden können. Insbesondere gibt es sowohl Versionen, die sich nach unten und oben bewegen lassen (Abb. 4.16 links), als auch solche, bei denen die Lamellen seitlich verschoben werden (Abb. 4.16 rechts). Hier könnte man sich an das Labyrinth-Spiel erinnern, bei dem diese Bewegungsrichtungen ebenfalls möglich sind – allerdings in **einem** Objekt (dem Spiel), nicht in zwei verschiedenen Konstruktionen.

Die allermeisten Fenster sind rechteckig, aber natürlich sind auch andere Formen wie Dreiecke oder Kreise möglich. Dafür sind die gängigen Konstruktionen wie aus Abb. 4.16 nicht geeignet oder zumindest nicht ideal: Sie verdunkeln das Fenster nicht vollständig oder ragen darüber hinaus.

Abb. 4.16 Jalousie – Lamellenvorhang

Entwerft eine Abdunklung aus miteinander verbundenen Teilen, die ...

... sich je nach Bedarf von oben nach unten oder seitlich vor ein rechtecki-
ges Fenster bewegen lässt (aber beides sollte mit der einen Konstruktion
möglich sein!)

oder

... für ein Fenster mit besonderer Form wie Dreieck oder Kreis passt.

Baut Eure Konstruktion anschließend als Modell nach, beispielsweise mit
Pappe oder aus dünnen Kunststoffplatten und mit Schnüren.

KAPITEL 5

Blackbox

Bei manchen der beweglichen Anwendungen von Geometrie in unserer alltäglichen Umgebung kann man zwar einen gewissen In- und Output beobachten, der tatsächliche Aufbau ist aber nicht direkt einsehbar.

Wenn die Rahmenbedingungen trotzdem hinreichend klar sind, können Schülerinnen und Schüler selbst kreative Ideen entwickeln, wie man die äußerlich sichtbare Funktion erreichen kann.

Man könnte einwerfen, diese Fragestellung von Blackbox[1] (Begriffsklärung siehe S. 33) nach der Funktion eines nicht zugänglichen Mechanismus' sei nicht authentisch. Schließlich existiert die Lösung ja, man könnte sie sich prinzipiell sehr wohl anschauen.

Hier könnte man die Lernenden sich in die Position des ursprünglichen Entwicklers versetzen lassen oder auch in die Rolle eines Ingenieurs einer Konkurrenzfirma (wie auch in den Kapiteln Montage einer Gepäckfachklappe und Welche ist die beste Bustür?), wo bestimmte Bedingungen vorgegeben sind und nun eine Lösung gesucht werden soll. Gerade in einer solchen Situation erscheint es auch realistisch, dass man tatsächlich nicht unbedingt kompletten Zugang zu dem Mechanismus hat oder dass man zunächst unvoreingenommen nach einer eigenen Umsetzung sucht, die möglicherweise noch besser als die schon existierende sein könnte.

Zutreffend ist allerdings, dass in der den Lernenden vorliegenden Darstellung die äußerlichen Konditionen wahrscheinlich klarer als dem Erfinder und damit tatsächlich etwas verfälscht sind. Schließlich sind sie ja im Ergebnis nicht die Bedingungen, sondern die Auswirkungen der Konstruktion.

---

1 Die Lernumgebung Blackbox stimmt in weiten Teilen überein mit einem gleich betitelten Abschnitt in [22, S. 57ff].

Bei der hier zur Analyse vorgeschlagenen Blackbox (Aufgabe **A**) handelt es sich um eine Garage mit einer besonderen Vorrichtung zum Parken mehrerer Autos. Abb. 5.1 zeigt links das Foto, von dem die Schülerinnen und Schüler ausgehen sollen. Rechts ist Garage mit entsprechendem Mechanismus (vergleichbar mit einem Paternosteraufzug) abgebildet, die jedoch von außen einsehbar ist. Ob die Lernenden zu genau einem solchen Aufbau gelangen oder eine andere Konstruktion vorschlagen, ist unerheblich. Wichtig sind der mathematisch kreative Entwicklungsprozess, eine geeignete Darstellung und eine Reflektion, ob eine gefundene „Lösung" auch tatsächlich den gesetzten Anforderungen entspricht.

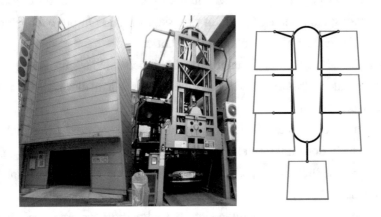

Abb. 5.1   „Hochgarage" in Seoul – offene Hochgarage, auch in Seoul – Modell einer Hochgarage (erstellt mit © GeoGebra)

Alternativ zur Garage können die Schülerinnen und Schüler selbst eine Blackbox aus ihrem persönlichen Lebensumfeld einbringen (Aufgabe **B**). Die Anforderungen an die Bearbeitung sind die gleichen.

Blackbox

LU

Oft ist in einem Gegenstand anscheinend ein beweglicher Mechanismus eingebaut, den man aber nicht direkt einsehen kann. Manchmal kann man ein Gerät dann beispielsweise aufschrauben, in anderen Fällen ist eine genauere Untersuchung nicht so einfach möglich.

Im Folgenden sollt Ihr Euch überlegen, wie eine solche Konstruktion denn aufgebaut sein *könnte*, um die von außen wahrnehmbaren Ergebnisse zu liefern.

> **Definition**
>
> Eine *Blackbox* ist ein „Teil eines [...] Systems, dessen Aufbau und innerer Ablauf erst aus den Reaktionen auf eingegebene Signale erschlossen werden können" [1].

In der Millionenmetropole Seoul, der Hauptstadt von Südkorea, ist der Platz knapp und der Boden felsig. Daher werden dort auch Autogaragen gerne in die Höhe gebaut.

Abb. 5.2   „Hochgarage" in Seoul

In Abb. 5.2 seht Ihr eine solche Garage. Von außen kann man beobachten:

- Die Garage hat vermutlich sieben Stellplätze, da es neben dem Tor sieben Tasten wohl zum Anwählen jeweils eines Autos gibt.

- Die Grundfläche der Garage ist aber so klein, dass wohl nicht mehr als zwei Autos nebeneinander darin stehen könnten. Stattdessen reicht sie etwa bis über die zweite Etage des angrenzenden Hauses hinüber.

Vermutlich werden die Autos also irgendwie in der Garage „gestapelt".

– Zum Parken eines Autos fährt dessen Fahrer unten vorwärts hinein.

Anscheinend stellt er lediglich das Auto kurz hinter der Einfahrt ab und steigt dann aus. Jedenfalls kommt er schnell wieder heraus.

– Um sein eigenes Auto wieder zu erhalten, drückt ein Fahrer eine der Tasten außen an der Garage. Manchmal dauert es länger, manchmal geht es schneller, bis sein Auto anscheinend wieder direkt hinter dem Tor steht. Er geht in die Garage und kommt kurz darauf wiederum vorwärts herausgefahren. Ob auch dieser Fahrer vorwärts in die Garage gefahren war und das Auto sich um seine vertikale Achse gedreht hat, oder ob er rückwärts eingeparkt hatte, ist nicht ersichtlich.

Wähle von den folgenden beiden Aufgaben **A** und **B** eine zur Bearbeitung im Zweier- oder Dreierteam aus.

A Überlegt Euch, wie der Mechanismus zum „Stapeln" der Autos in der Garage wohl aufgebaut sein könnte.[2]

B Habt Ihr eine andere Blackbox im Kopf, die wohl auch eine bewegliche Konstruktion enthält? Dann könnt Ihr ein „Außenfoto" und eine kurze Beschreibung des äußerlich Beobachtbaren wie in Aufgabe **A** dazu machen.

Überlegt Euch anschließend, wie der Mechanismus von Eurer Blackbox wohl aufgebaut sein könnte.

Für **A und B**:

Stellt Eure Idee dann geeignet dar. Dazu könnt Ihr Zeichnungen machen, Erläuterungen schreiben, ein Modell mit einer DGS (zum Beispiel © GeoGebra) oder aus Pappe bauen oder was Euch sonst noch so einfällt.

Bringt eine kritische Betrachtung ein: Habt Ihr die vorgegebenen Bedingungen erfüllt? Liefert Eure Konstruktion die Ergebnisse, die man an der Blackbox von außen beobachten kann? Ließe sich Euer Mechanismus real nachbauen? Wenn etwas davon nicht zutrifft: Denkt über Modifikationen nach, die Euer Modell verbessern würden, und setzt diese möglichst noch um.

---

2   Damit sind nicht die Details der elektronischen Steuerung oder Ähnliches gemeint, sondern die geometrische Beschaffenheit.

KAPITEL 6

Rollkurven I – Die Zahn-Zahlen eines Spirographen

Eine **Rollkurve** ist die Ortslinie eines Punktes, der fest mit einem rollenden Objekt verbunden ist. Eine **Ortslinie** ist eine Menge von Punkten, die eine Eigenschaft gemeinsam haben.

Kreise als Beispiele für Ortslinien sind den Schülerinnen und Schülern bereits bekannt, wenngleich vielleicht nicht unter dem Namen Ortslinie. Etwa in Klasse 7 werden weitere Ortslinien eingeführt: Mittelsenkrechte, Winkelhalbierende und Mittelparallele.

Über Spirographen erhalten die Lernenden in diesem Abschnitt einen haptischen Zugang zum ansonsten eher abstrakten Begriff der Ortslinie und speziell der Rollkurve.

Diese Lernumgebung bietet aber auch eine sehr schöne Verbindung von Geometrie und Arithmetik. An den ästhetischen Rollkurven werden verschiedene Größen abgezählt. Zentrale Eigenschaften der Kurven hängen von den Zahn-Zahlen der zum Zeichnen verwendeten Spirographen-Räder ab. Der oft im Zusammenhang mit Bruchrechnung eingeführte Begriff des kleinsten gemeinsamen Vielfachen (kgV) taucht hier in einem ganz anderen Kontext auf.

Die in diesem Abschnitt abgebildeten Spirographen gehören zu Sets, die vor einigen Jahren „Preis für alle" beim Känguru-Mathematikwettbewerb waren. Es ist aber keineswegs nötig (oder etwa für Aufgabe **7C** sogar eher negativ, weil dann eventuell eher Zähne gezählt als nachgedacht würde), die gleichen Spirographen zu verwenden. Einfache Sets gibt es schon für wenig Geld.

In Aufgabe **1** sollen die Schülerinnen und Schüler zunächst ohne engere Vorgaben mit dem Spirographen-Sets zeichnen.

Im Anschluss bietet es sich an, in der Klasse die erhaltenen Kurven zu vergleichen. Dazu können beispielsweise Rollkurven von den Schülergruppen auf Folie gezeichnet oder von der Lehrperson vorher mit einer DGS erstellt und dann gemeinsam verglichen werden. Welche Teile sind jeweils verwendet worden? Welches ruht, welches rollt? Wird innen oder außen oder an einer geraden Linie gerollt?[1] Anhand des letzten Punktes kann man Rollkurven in **Epitrochoiden**, **Peritrochoiden**, **Hypotrochoiden** und **Trochoiden** klassifizieren, siehe die nachstehende Übersicht. Die Lernenden haben auf S. 41 eine entsprechende Tabelle gegeben, bei der die ersten beiden Spalten noch auszufüllen sind und die sie um Beispiele (Spalte 4) ergänzen können (Aufgabe **2**).

am ruhenden k_1	am ruhenden k_2	Name	Beispiel: Wo taucht das auf?
außen	außen	Epitrochoide	

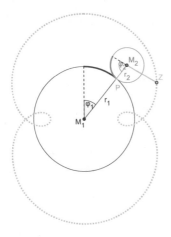

Bild erstellt mit © GeoGebra

---

1   Bei vielen Spirographen-Sets sind die Teile nur außen oder nur innen verzahnt, so dass diese Frage schon mit der Auswahl der Teile beantwortet ist. Um Rollkurven zu klassifizieren, ist dieser Aspekt aber hilfreich.

am ruhenden k_1	am ruhenden k_2	Name	Beispiel: Wo taucht das auf?
außen	innen	Peritrochoide	

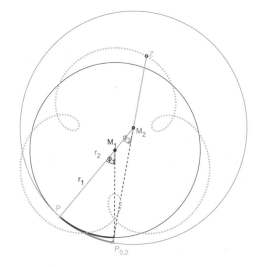

Bild erstellt mit © GeoGebra

innen	außen	Hypotrochoide	

Bild erstellt mit © GeoGebra

am ruhenden k_1	am ruhenden k_2	Name	Beispiel: Wo taucht das auf?
– (gerade Linie)	außen	Trochoide	

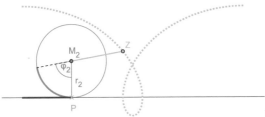

Bild erstellt mit © GeoGebra

Gut möglich, dass die Schülerinnen und Schüler hier noch weitere Aspekte nennen, etwa: Wie viele „Bögen", d. h. minimale Abschnitte, die durch eine Verschiebung oder eine Drehung um den Mittelpunkt des ruhenden Kreises aufeinander abgebildet werden könnten, hat die entstandene Kurve? Dem sollen die Lernenden in Aufgabe **6c** nachgehen. Hat sie Schnittpunkte mit sich selbst?

Oder: Wie wirkt sich die Wahl des Zeichenpunktes (Loch) am rollenden Kreis auf die Rollkurve aus? Die Spitzen der Kurve fallen je nach Zeichenpunkt spitzer oder abgerundeter aus. Die Anzahl der Bögen ist aber unabhängig von dem gewählten Zeichenpunkt.

In Aufgabe **3** sollen Eigenschaften von Rollbewegungen identifiziert werden. Dazu wird zunächst das Rollen gegen ein Gleiten oder Rutschen abgegrenzt (Aufgabenteil **a**). Die beim Rollen zurückgelegte Strecke ist am rollenden Objekt die gleiche wie an dem Objekt, auf dem abgerollt wird (Aufgabenteil **b** für Kreise, **d** für allgemeine Formen, insbesondere für Sechsecke). Der Mittelpunkt eines rollenden Kreises hat konstanten Abstand von dem Objekt, auf dem abgerollt wird – bei anderen Formen ist dies nicht so, wie etwa für ein Sechseck in **d** festgestellt werden soll. Bei Spirographen entspricht dem, dass bei ruhendem und rollendem Rad jeweils über die gleiche Anzahl von Zähnen abgerollt wird (Teil **c**).

Aufgabe **4** geht dann auf die titelgebenden Zahn- und andere Zahlen bei den Spirographen ein: Was alles kann gezählt werden, das die entstehende Hypotrochoide beeinflusst?

Anschließend sollen Begriffe festgelegt werden, um mit den Rollkurven und den in **4** thematisierten Zahlen besser arbeiten zu können. Mögliche Definitionen der vorgegebenen Begriffe sind etwa folgende:

Definition

(momentaner) Berührpunkt bzw. -zahn – Punkt bzw. Zahn und Zahnvertiefung, die zu einem bestimmten Zeitpunkt während der Rollbewegung ineinandergreifen

Umdrehung – inneres Rad rollt so lange, bis Startberührzahn/-vertiefung des inneren Rades wieder erreicht wird

Umlauf – inneres Rad rollt so lange, bis Startberührzahn/-vertiefung des äußeren Rades wieder erreicht wird

Bogen – minimaler Abschnitt, der durch eine Drehung um den Mittelpunkt des ruhenden Kreises auf einen anderen Abschnitt der Kurve abgebildet werden kann

---

Das Bilden mathematischer Begriffe taucht im Übrigen nicht nur in dieser Aufgabe als mathematische Tätigkeit auf. Auch mit der Angabe von Eigenschaften der verschiedenen Rollkurven in Aufgabe **2** und der Merkmale von Rollbewegungen in Aufgabe **3** gehen die Lernenden dem Begriffsbilden nach.

Unterstützt durch die eingeführten Begriffe sollen anschließend allgemeine Zahn-Zahlen-Formeln angegeben werden (Aufgabe **6**). Die Ergebnisse können gemeinsam gesichert werden. Ein Merkkasten dazu ist bei den Aufgaben zu finden (S. 46).

Zum Abschluss sollen die Lernenden noch einige Beispiele zu den Zahn-Zahlen von Spirographen ausrechnen. Die Aufgaben **7A**-**7C** dazu haben verschiedene Schwierigkeitsgrade. In **7A** können die gefundenen Formeln ganz direkt angewandt werden. Bei **7B** (schwieriger) und **7C** (am schwierigsten) ist die Perspektive eine andere, da andere Größen vorgegeben sind. Etwa in Verbindung mit Informatikunterricht können die Lernenden alternativ in Aufgabe **7D** ein Computerprogramm entwickeln, das – ähnlich wie es für **7A** gemacht werden soll – zu abgefragten Größen die fehlenden Zahn-Zahlen berechnet.

Rollkurven I – Die Zahn-Zahlen eines Spirographen

Vielleicht haben einige von Euch schon mal einen **Spirographen** benutzt. Ein Spirograph ist ein Zeichengerät, mit dem man spielerisch verschiedene Muster erzeugen kann. „spira" bedeutet im Griechischen etwa „Windung" und „graphein" „schreiben".

In diesem Kapitel geht es um mathematische Eigenschaften von Spirographen.

1   Bearbeitet diese Aufgabe zu dritt oder zu viert mit zwei Spirographen-Sets.

Zeichnet mit dem Spirographen acht Muster, die untereinander möglichst verschieden sind. Wählt Euch dazu jeweils zwei von den gezahnten Elementen aus. Entscheidet, welches ruhig liegen soll und welches Ihr daran abrollt. Notiert jeweils, welche Kombination von Teilen Ihr genutzt habt.

Definition

Eine **Rollkurve** ist die Ortslinie[2] eines Punktes, der fest mit einem rollenden Objekt verbunden ist.

Einige Arten von Rollkurven haben eigene Namen. Vier sind in der untenstehenden Tabelle aufgeführt. Vertreter von zumindest zwei dieser Sorten habt Ihr vermutlich schon für Aufgabe **1** gezeichnet.

2   Die folgende Tabelle gibt eine Übersicht über verschiedene Möglichkeiten des Rollens eines Kreises k_2 an einem ruhenden Kreis k_1 bzw. an einer geraden Linie.

   a Tragt in Spalte 1 ein, ob innen oder außen am ruhenden Kreis k_1 abgerollt wird.

   b Schreibt in Spalte 2, ob innen oder außen am rollenden Kreis k_2 abgerollt wird.

---

2   Eine *Ortslinie* ist eine Menge von Punkten, die eine Eigenschaft gemeinsam haben.

Ein Beispiel für eine Ortslinie ist ein Kreis. So bilden beispielsweise alle Punkte, die den Abstand 4 cm von einem festen Punkt M haben, einen Kreis um M mit Radius 4 cm.

Etwa in der 7. Klasse lernt man meist noch andere Ortslinien kennen: *Mittelsenkrechte*, *Winkelhalbierende* und *Mittelparallele*.

Es gibt jeweils ein © GeoGebra-Beispielbild. Punkte, die mit k_2 fest verbunden sind, beschreiben Rollkurven mit dem in Spalte 3 genannten Namen.

c In Spalte 4 könnt Ihr ein Beispiel ergänzen, wo eine solche Rollbewegung stattfindet.

am ruhenden k_1	am ruhenden k_2	Name	Beispiel: Wo taucht das auf?
…	…	Epitrochoide	…

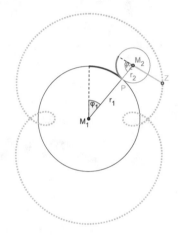

Bild erstellt mit © GeoGebra

| … | … | Peritrochoide | … |

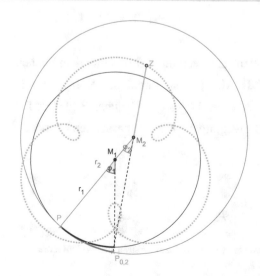

Bild erstellt mit © GeoGebra

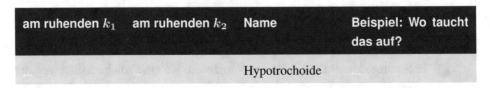

am ruhenden k_1	am ruhenden k_2	Name	Beispiel: Wo taucht das auf?
		Hypotrochoide	

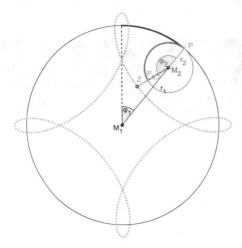

Bild erstellt mit © GeoGebra

– (gerade Linie)		Trochoide	

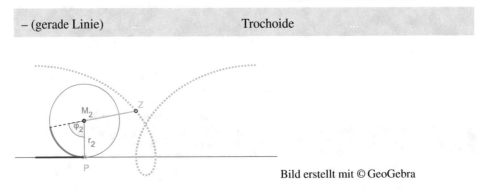

Bild erstellt mit © GeoGebra

3 **a** Der DUDEN beschreibt „rollen" als „sich unter fortwährendem Drehen um sich selbst [fort]bewegen". In Abb. 6.1 ist einmal eine Roll-, einmal eine andere Fortbewegung eines Kreises dargestellt. Welches Bild steht für das Rollen? Gebt der anderen Bewegung auch einen passenden Namen.

Abb. 6.1   Zwei Arten der Fortbewegung eines Kreises (erstellt mit © GeoGebra)

b In Abb. 6.2 oben ist eine wichtige Eigenschaft von Rollbewegungen allgemein und unten von rollenden Kreisen dargestellt. Formuliert diese Eigenschaften.

> ✍ **Tipp**
>
> Für **3b** könnt Ihr auch Abb. 6.3 mit Abb. 6.2 vergleichen.

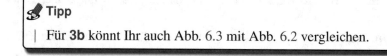

Abb. 6.2 Oben eine wichtige Eigenschaft von Rollbewegungen allgemein, unten eine von rollenden Kreisen (erstellt mit © GeoGebra)

c Beim Zeichnen rollen auch die Spirographen-Räder. Schreibt die Eigenschaften aus **b** speziell für Spirographen auf.

> ✍ **Tipp**
>
> In **3c** sollen für die erste Eigenschaft die „Zahn-Zahlen" aus der Überschrift auftauchen.

d In Abb. 6.3 ist ein rollendes Sechseck dargestellt. Was an der Bewegung ist genauso wie beim rollenden Kreis? Was ist verschieden?

Fallen Euch vielleicht noch Besonderheiten beim Rollen anderer Formen als Kreis und Sechseck ein?

Abb. 6.3 Rollendes Sechseck (erstellt mit © GeoGebra)

Für den Rest dieser Lernumgebung geht es um Spirograph-Hypotrochoiden, d. h. um Kurven, bei denen ein kleineres Rad innen an einem größeren rollt.

4 **a** Wie viele verschiedene solcher Rad-Kombinationen (kleineres Rad innen an größerem rollend) könnt Ihr mit Eurem Spirographenset bilden?

b Was alles kann man bei den Rädern selbst, während des Zeichnens damit und an der fertigen Rollkurve zählen, das relevant für das Aussehen der Kurve ist?

c Sucht Euch aus Euren Zeichnungen aus Aufgabe **1** einige heraus oder ergänzt sie so, dass Ihr zu jeder möglichen Kombination von Rädern mindestens ein Beispiel habt. Schreibt dazu die Zahlen, die Ihr in **b** als relevant für das Aussehen der entstehenden Kurve ausgemacht habt.

Um die Spirograph-Hypotrochoiden besser beschreiben und mit Euren Zahlen und Kurven aus **4b** bzw. **4c** besser arbeiten zu können, legen wir einige Begriffe fest. Im Gegensatz etwa zu den Rollkurven-Namen aus der Tabelle auf S. 41 sind das keine mathematischen Fachausdrücke, die vielen Leuten bekannt wären. Es geht nur um Arbeitsbegriffe für uns, damit wir uns in dieser Lernumgebung über die Rollkurven verständigen können.

Abb. 6.4　Berührzahn bzw. -vertiefung beim inneren und äußeren Rad

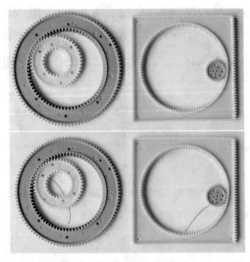

Abb. 6.5　Jeweils eine Umdrehung gegen den Uhrzeigersinn: oben ohne, unten mit gezeichneter Rollkurve

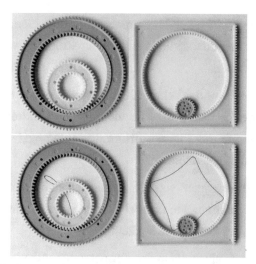

Abb. 6.6 Jeweils ein Umlauf gegen den Uhrzeigersinn: oben ohne, unten mit gezeichneter Rollkurve

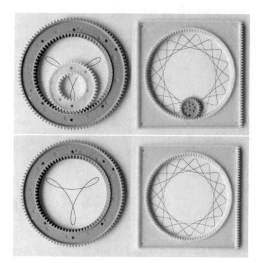

Abb. 6.7 Rollkurve mit drei bzw. 17 Bögen: oben mit, unten ohne rollendes Rad

5 Formuliert Definitionen für die folgenden Begriffe **a-d** in Bezug auf Spirographzeichnungen. Ihr könnt Euch dabei an Abb. 6.4–6.7 orientieren. Dort sind die Begriffe jeweils für zwei verschiedene Räderkombinationen dargestellt.

a (momentaner) Berührpunkt bzw. -zahn

b Umdrehung

c Umlauf

d Bogen.

6   **a**   Jede Eurer gezeichneten Hypotrochoiden sollte eine geschlossene Kurve sein, d. h. früher oder später seid Ihr beim Zeichnen wieder am Startpunkt vorbeigekommen.

        Vielleicht habt Ihr das schon für Aufgabe **4b** gezählt, ansonsten ergänzt Eure Antworten von dort: Wie viele Bögen/Umdrehungen des kleinen Rades/Umläufe des kleinen im großen Rad/abgelaufene Zähne hat es jeweils bis dahin gedauert?

      b   Gebt – in Abhängigkeit von den Zahnanzahlen des großen und des kleinen Rades – eine allgemeine Formel an, wie viele Zähne abgelaufen werden müssen, bis die Kurve sich schließt.

      c   Findet Ihr auch eine allgemeine Formel dafür, wie viele Bögen die entstandene Hypotrochoide hat (wieder in Abhängigkeit von den Zahnanzahlen des großen und des kleinen Rades)?

Ein kleines Spirographen-Rad mit m Zähnen außen rollt in einem großen Rad mit n Zähnen innen.

Dann muss man über $k = \mathrm{kgV}(m, n)$[3] **Zähne abrollen**, bis die entstehende Hypotrochoide sich **schließt**.[4]

Das entspricht $t = \frac{\mathrm{kgV}(m, n)}{m}$ **Umdrehungen**[5] des kleinen Rades bzw. $c = \frac{\mathrm{kgV}(m, n)}{n}$ **Umläufen**[6] des kleinen Rades im großen Rad.

Die Hypotrochoide hat dann $b = \frac{\mathrm{kgV}(m, n)}{m}$ **Bögen**.

Wähle von den folgenden Aufgaben **7A–7D** noch eine zur Bearbeitung im Zweier- oder Dreierteam aus. In **7A–7C** sollen mit den Zahn-Zahlen Beispiele gerechnet werden, wobei **7A** die einfachste und **7C** die schwierigste dieser Aufgaben sein dürfte. **7D** ist eine Programmieraufgabe, die **7A** quasi beinhaltet und nach Belieben auch auf **7B** und **7C** zurückgreifen könnte.

7A   Gegeben seien ein großes Rad R_5 mit $n = 96$ Zähnen innen sowie kleine Räder R_1, R_2, R_3, R_4 mit 24 bzw. 44 bzw. 64 bzw. 84 Zähnen außen.

---

3    $\mathrm{kgV}(m, n)$ steht für „das kleinste gemeinsame Vielfache der Zahlen m und n", d. h. für die kleinste natürliche Zahl, die sowohl ein Vielfaches von m als auch von n ist.

4   Insbesondere schließt die Kurve sich bei Spirographen immer!

5   t wie engl. „turn"

6   c wie engl. „circulation"

Tragt in die Tabelle ein, ...

... über wie viele Zähne man jeweils abrollen muss, bis die Hypotrochoide sich schließt,

... wie viele Umdrehungen um sich selbst das kleine Rad jeweils macht,

... wie viele Umläufe das kleine Rad im großen jeweils macht und

... wie viele Bögen die entstehende Hypotrochoide jeweils hat.

| Rad | Anzahl ... | | | | |
	Zähne außen	abgerollte Zähne	Umdrehungen	Umläufe	Bögen
R_1	24				
R_2	44				
R_3	64				
R_4	84				

7B Wenn man ein großes Rad mit $n = 60$ Zähnen innen hat, kann man damit eine Hypotrochoide mit

a $b_1 = 9$,

b $b_2 = 10$,

c $b_3 = 11$,

d $b_4 = 12$

Bögen zeichnen? Gibt es (jeweils für **a** bzw. **b** bzw. **c** bzw. **d**) mehrere Möglichkeiten? Wie viele Zähne m_1 bzw. m_2 bzw. m_3 bzw. m_4 sollte gegebenenfalls jeweils das innere Rad außen haben? Begründet Eure Antworten.

7C Wir nehmen an, wir haben ein großes Rad R_5 mit n_5 Zähnen innen und drei kleinere R_1, R_2 und R_3 mit m_1 bzw. m_2 bzw. m_3 Zähnen außen, die wir in dem großen rollen lassen. (Eigentlich sind R_2 und R_3 Ringe, die außen und innen verzahnt sind, siehe Abb. 6.8 oben Mitte und rechts – das wird erst später relevant.)

Die genauen Werte m_1, m_2, m_3 und n_5 kennen wir nicht. Die Zähne komplett zu zählen ist bei großen Zahn-Anzahlen blöd, weil man sich so leicht verzählt.

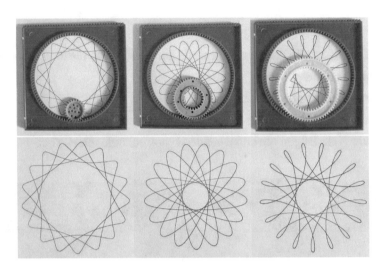

Abb. 6.8 Drei Hypotrochoiden, gezeichnet mit R_1 bzw. R_2 bzw. R_3 in R_5

Wir zählen stattdessen etwa ein Viertel der Zähne von jedem Rad und schätzen damit ab, dass

$$20 \leq m_1 \leq 32, \quad 44 \leq m_2 \leq 56, \quad 64 \leq m_3 \leq 76 \text{ und } 96 \leq n_5 \leq 108$$

gilt, vergleiche die Fotos in der oberen Reihe von Abb. 6.8.

Nun zeichnen wir mit den Rädern Hypotrochoiden (siehe Abb. 6.8 unten). Diese haben jeweils $b_{1,5} = b_{2,5} = b_{3,5} = 17$ Bögen.

a Gebt Zahn-Zahlen m_1, m_2, m_3 und n_5 an, mit denen man zu diesen Ergebnissen kommt. Gibt es mehrere Möglichkeiten?

Zu unserem Räder-Set gehört noch ein weiteres Rad (eigentlich auch ein Ring) R_4 mit n_4 Zähnen innen. Wieder schätzen wir ab, indem wir etwa ein Viertel der Zähne zählen: $64 \leq n_4 \leq 76$. Darin lassen wir R_1 und R_2 von vorher rollen, siehe Abb. 6.9 oben links und Mitte. So erhalten wir Hypotrochoiden mit $b_{1,4} = b_{2,4} = 3$ Bögen (Abb. 6.9 unten links und Mitte).

Schließlich schätzen wir noch die Zähne innen am Rad R_3 ab (das wir schon in Abb. 6.8 links in R_5 hatten rollen lassen): $44 \leq n_3 \leq 56$. Darin rollt nun R_1, was eine Hypotrochoide mit zwei Bögen liefert, siehe Abb. 6.9 rechts.

b Gebt Zahn-Zahlen m_1, m_2, n_3 und n_4 an, mit denen man zu diesen Ergebnissen kommt. Gibt es mehrere Möglichkeiten?

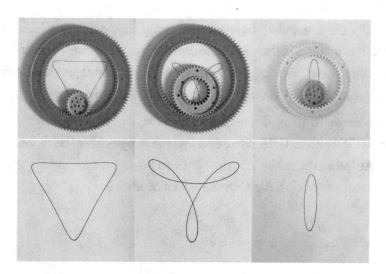

Abb. 6.9 Drei Hypotrochoiden, gezeichnet mit R_1 bzw. R_2 in R_4 bzw. mit R_1 in R_3

c Die Räder R_1, R_2, R_3, R_4 und R_5 gehören zu einem Set, das sich ineinander stecken lässt wie in Abb. 6.10 zu sehen ist.

Daher entspricht die äußere Zahn-Zahl eines Rades jeweils der inneren des nächstgrößeren, d. h. es gilt $m_1 = n_2$, $m_2 = n_3$, $m_3 = n_4$ und $m_4 = n_5$. Für die hier gezeichneten Hypotrochoiden sind davon aber nur $44 \leq m_2 = n_3 \leq 56$ und $64 \leq m_3 = n_4 \leq 76$ relevant.

Abb. 6.10 Räderset

Kombiniert dies mit Euren Erkenntnisse aus **a** und **b**. Lassen sich damit die möglichen Zahn-Zahlen eingrenzen?

d Findet Ihr noch eine andere Möglichkeit, die Zahn-Zahlen anhand der Beobachtungen aus **a** sowie der Hypotrochoiden in Abb. 6.8 (ohne die weiteren aus Abb. 6.9 – und immer noch ohne die Zähne exakt zu zählen) die Zahn-Zahlen genauer anzugeben?

7D Schreibt ein Computerprogramm, das Aufgabenstellungen wie in **7A** lösen kann. Das heißt, es sollen die -Zahlen eines äußeren ruhenden und eines inneren rollenden Rades abgefragt und dann die Anzahl der abgerollten Zähne, der Umdrehungen, Umläufe und Bögen ausgegeben werden.

Wenn Ihr wollt, könnt Ihr auch alternative Eingabemöglichkeiten zulassen und daraus die weiteren Größen von dem Programm berechnen lassen, entsprechend den Aufgabenstellungen **7B** und **7C**. Dazu könnt Ihr auch auf Ergebnisse von Teams zurückgreifen, die diese Aufgaben bearbeiten.

KAPITEL 7

Montage einer Gepäckfachklappe

In dieser Lernumgebung[1] sollen sich die Schülerinnen und Schüler in eine bestimmte Rolle zu versetzen – die eines Ingenieures, der im Team eine Lösung für die Installation einer Gepäckfachklappe an einem Reisebus sucht. Sofern sich die Lernenden darauf einlassen können, bietet hier eine realitätsbezogene Problemstellung Raum für eigene Ideen und eine individuelle Umsetzung.

Entsprechend dem Titel Montage einer Gepäckfachklappe steht in diesem Abschnitt nicht die Klappe an sich im Zentrum, sondern mehr deren Anbringung am Bus mit der daraus resultierenden Bewegungsführung beim Öffnen und Schließen.

Dazu sollen die Schülerinnen und Schüler zunächst Eigenschaften benennen, die an eine solche Klappe sinnvollerweise gestellt werden könnten (Aufgabe **1**). Anschließend geht es um die Erstellung eines zweidimensionalen Modells davon (Aufgabe **2**). Orientierung für beide Aufgaben bietet Abb. 7.4 (entspricht Abb. 7.2), wo eine Gepäckfachklappe gezeigt, aber nicht gänzlich einzusehen ist.

Montage einer Gepäckfachklappe kann zum Beispiel als Anwendung von Mittelsenkrechten (oder des **Umkreismittelpunktes**) in den Unterricht eingebracht werden, wie im Folgenden erläutert.

Die zu Grunde liegende Absicht ist die Konstruktion eines **Kurbelgetriebes**, dessen **Koppel(stange)** bestimmte Positionen durchlaufen soll.[2] Ein Kurbelgetriebe ist dabei ein **Gelenkviereck** *ABCD* mit Antrieb (siehe auch Überall Gelenkvierecke, Kurbelgetriebe werden darin auf S. 66f vorgestellt). Eine Stange, etwa *AB*, ist fixiert, eine zu ihr benachbarte, etwa *AD*, wird zu einer Rotation um *A* angetrieben, die beiden anderen bewegen sich zwangläufig mit. Die *AB* gegenüberliegende Stange *CD* ist die Koppel(stange). – Bei realen Ausführungen solcher Klappen ist es häufig

---

1 Die Lernumgebung Montage einer Gepäckfachklappe stimmt in weiten Teilen überein mit einem gleich betitelten Abschnitt in [22, S. 61ff].

2 Allgemein wird das etwa in [7, S. 133] dargestellt.

so, dass es keinen automatischen Antrieb gibt. Auch in der Beispiel-Abb. 7.2 befindet sich vielmehr an der Klappe selbst, entsprechend der Koppel CD, ein Griff, an dem sie von Hand zugezogen wird. Für die Modellierung in einem Kurbelgetriebe macht das aber zunächst keinen Unterschied. –

Werden für D und C jeweils drei einzunehmende Positionen vorgegeben (siehe Abb. 7.1; z. B. eine im geschlossenen, eine im maximal geöffneten und eine in einem weiteren Zustand), so ist A bzw. B der Umkreismittelpunkt dieser drei Lagen für D bzw. C, denn mittels der starren Verbindungsstange AD bzw. BC hat D bzw. C in allen drei Positionen jeweils den gleichen Abstand zu A bzw. B.

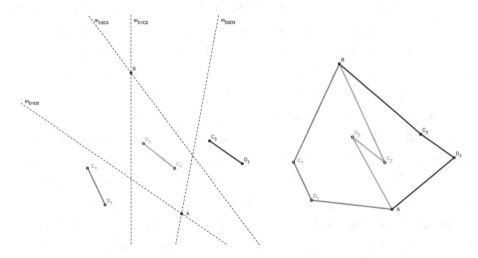

Abb. 7.1 Drei Lagen der Koppelstange, C_1D_1, C_2D_2 und C_3D_3, legen über die Mittelsenkrechten $m_{D_1D_2}$ und $m_{D_2D_3}$ den Punkt A sowie über die Mittelsenkrechten $m_{C_1C_2}$ und $m_{C_2C_3}$ den Punkt B fest (links) ... – ... und damit das Kurbelgetriebe $ABCD$ (rechts) (erstellt mit © GeoGebra)

Bei weniger Vorgaben ist A bzw. B nicht eindeutig bestimmt, bei mehr Vorgaben gibt es möglicherweise keinen geeigneten Ort für A bzw. B, denn im Allgemeinen haben mehr als drei Punkte keinen gemeinsamen Kreis, auf dem sie liegen.

So häufig Gelenkvierecke in alltäglichen Anwendungen auch vorkommen (siehe dazu einige Beispiele in diesem Buch, etwa in Aufgabe **5** auf Seite 78 von Überall Gelenkvierecke), scheinen doch diejenigen eher selten zu sein, die die geschilderte Problemstellung aufwerfen. Bei der Gepäckfachklappe ist eine Position vorgegeben: die im geschlossenen Zustand. Für die maximale Öffnung lassen sich zumindest sinnvollerweise einige Eigenschaften annehmen, genauso für den Weg der Klappe zwischen diesen Lagen.

Abb. 7.2 Variante der Konkurrenz

Auf dem Foto (Abb. 7.2) ist zu erkennen, dass die Klappe an den Seiten mittels je zweier Stangen mit dem Businneren verbunden ist. Man sieht jedoch nicht, wo genau die Stangen befestigt sind. Auch die Art der Aufhängung (ein Drehgelenk? eine Schiene, in der geschoben wird? ...) und die genaue Form (komplett gerade sind sie jedenfalls nicht) der Stangen gehen nicht daraus hervor.

Man könnte einwenden, eine solche Bedingungs-Vorgabe mittels eines Fotos entspräche nicht einer realen Problemstellung – schließlich könnte man ja den fotografierten Bus einfach genauer betrachten und schauen, wie der Klappenmechanismus tatsächlich konstruiert ist.

Aber bevor eine erste Klappe in dieser Weise gebaut wurde, musste sich tatsächlich jemand Gedanken darum machen, was als Anforderungen an sie gestellt werden sollte. Dazu erscheinen die im einleitenden Text (S. 51) und in Aufgabe **1** genannten Punkte möglicherweise doch plausibel. Das Foto der „Konkurrenzfirma" dient dann nur der Illustration der Bedingung, welche Position die Klappe in geöffnetem Zustand in etwa einnehmen soll.

Nun kann man Annahmen treffen, wo die Klappe sich in geschlossenem (nämlich direkt vor dem Fach) und geöffnetem (etwa wie im Foto 7.2) Zustand befinden soll. Desweiteren könnte man festlegen, wo an der Klappe die Verbindungsstangen

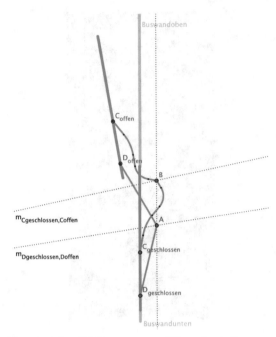

Abb. 7.3 Positionsvorgaben für $D_{\text{geschlossen}}$ und D_{offen} bzw. $C_{\text{geschlossen}}$ und C_{offen} liefern je eine Mittelsenkrechte, auf der A bzw. B liegt; eine Gerade parallel zur Buswand macht hier die Lage von A und B eindeutig (erstellt mit © GeoGebra)

befestigt sein sollen, benannt als Punkte C und D in Abb. 7.3 – auch dazu bietet Abb. 7.2 eine Orientierung. Außerdem liegt die Vorgabe nahe, dass die Stangen im Businneren mittels einfacher Drehgelenke (keine Kugelgelenke, keine Schienen o. ä.) fixiert sind, also eine Rotation um einen Punkt ausführen und dabei in einer Ebene bleiben – keine Verschiebung, keine kompliziertere Bewegung.

Die Suche nach den Befestigungspunkten im Businneren – in Abb. 7.3 A für die Stange zu D, B für die zu C – führt dann zu Mittelsenkrechten. Denn von den jeweils zwei so vorgegebenen Lagen des Punktes D bzw. C aus, $D_{\text{geschlossen}}$ und D_{offen} bzw. $C_{\text{geschlossen}}$ und C_{offen}, muss A bzw. B ja jeweils den gleichen Abstand haben. Das heißt, A bzw. B liegt auf der Mittelsenkrechten $m_{D_{\text{geschlossen}},D_{\text{offen}}}$ von $D_{\text{geschlossen}}$ und D_{offen} bzw. $m_{C_{\text{geschlossen}},C_{\text{offen}}}$ von $C_{\text{geschlossen}}$ und C_{offen}.

Um eine genaue Lage von A und B zu ermitteln, könnte man eine weitere Position der Klappe zwischen „geschlossen" und „offen" festlegen – etwa unter dem Gesichtspunkt einer busnahen Bewegung, wie im einleitenden Text (S. 56) zu den Aufgaben erwähnt. Das liefert je eine weitere Lage der Punkte D bzw. C. So könnte man den Umkreismittelpunkt der drei Lagen von D bzw. C ermitteln und würde so die Position von A bzw. B erhalten.

Alternativ könnte man aber auch auf den besagten Mittelsenkrechten anderweitig Punkte auswählen – beispielsweise unter Berücksichtigung der nötigen Stangenlänge oder so, dass diese auf derselben Parallele zur Buswand liegen, d. h. senkrecht übereinander – so wie im © GeoGebra-Beispielmodell in Abb. 7.3.

Beabsichtigt man mit Montage einer Gepäckfachklappe eine Thematisierung von Mittelsenkrechten wie aufgezeigt, so kann man Aufgabe **1** im Hinblick darauf direkter formulieren. Beispielsweise kann die Fixierung mittels Drehgelenken erwähnt werden oder die Konstanz der Längen der Verbindungsstangen zwischen Bus und Klappe. Der Begriff des Gelenkvierecks oder Kurbelgetriebes muss nicht unbedingt bekannt sein und ist gerade für die Erstellung von Zeichnungen oder eines Papp-Modells auch nicht nötig, wenngleich eine Erwähnung sich natürlich während des Arbeitens ergeben kann.

Hier wurden die Aufgabenstellungen **1** und **2** bewusst nicht auf Mittelsenkrechten fokussiert und weniger angeleitet gewählt. So kann die Lernumgebung von Schülerinnen und Schülern verschiedener Jahrgangsstufen gewinnbringend bearbeitet werden, mit den jeweils zur Verfügung stehenden Kenntnissen und Erfahrungen.

Montage einer Gepäckfachklappe

Stellt Euch vor, Ihr arbeitet in einem Team von Ingenieuren für ein Unternehmen, das Busse baut. Nun soll als neues Modell ein Reisebus auf den Markt gebracht werden.

Da die Passagiere im Allgemeinen Koffer und Ähnliches dabei haben, wird der Wagen als Hochflurbus mit viel Stauraum im unteren Bereich konzipiert.

Abb. 7.4   Konkurrenz-Variante

Die Klappe zu dem entsprechenden Fach sollte groß genug auch für voluminösere Gepäckstücke sein und sich unkompliziert und zügig bewegen lassen. Insbesondere sollte das Risiko minimiert werden, Ladung innerhalb oder gar Personen außerhalb des Busses mit der Klappe zu treffen. Daher sollte diese beim Öffnen und Schließen möglichst wenig weit ausschwenken.

Auf dem Foto oben seht Ihr die Variante einer Konkurrenzfirma in geöffnetem Zustand.

1   Schreibt Eigenschaften der abgebildeten Klappenkonstruktion auf – sowohl
    solche, die direkt aus dem Foto ersichtlich sind, als auch solche, die Ihr hinein-
    interpretiert.

    Bewertet diese Merkmale: Was erscheint Euch sinnvoll und warum? Was
    würdet Ihr anders konstruieren?

2   Erstellt ein zweidimensionales Modell der Gepäckfachklappe am Bus: mit einer
    Perspektive, als würdet Ihr die Buswand von vorne nach hinten entlangschauen,
    so dass man beispielsweise die Klappe nur als einen Strich sieht.

    Das könnt Ihr mit einer DGS (etwa © GeoGebra) machen, von Hand zeichnen
    oder real bauen, zum Beispiel aus Pappe und mit Musterbeutelklammern.

    Oder

    Habt Ihr eine andere Idee als die Konstruktion vom Foto, wie eine solche
    Klappe aussehen, sich bewegen und befestigt sein sollte? Dann könnt Ihr auch
    stattdessen Euren selbst ausgedachten Mechanismus in einem zweidimensiona-
    len Modell verwirklichen.

    Bei beiden Möglichkeiten solltet Ihr Eure Konstruktion auf das Wesentliche
    reduzieren, so dass man die Funktionsweise gut erkennen kann.

KAPITEL 8

Variable Dreiecke

In vielen Anwendungen ist es günstig, wenn eine Konstruktion einerseits auf verschiedene Positionen einstellbar ist. Andererseits sollen die einzelnen wählbaren Lagen stabil bleiben, so wie es etwa ein Dreieck mit drei festgelegten Seitenlängen ist.

Ein **variables Dreieck** soll hier ein Mechanismus sein, bei dem genau zwei seiner insgesamt sechs Größen Seite, Seite, Seite und Winkel, Winkel, Winkel vorgegeben sind und mindestens eine dritte aktiv verstellbar[1] ist.[2]

Damit sind variable Dreiecke abgegrenzt von regulären Dreiecken, die mittels Angabe von drei geeigneten dieser Größen bis auf Kongruenz festgelegt sind. Dementsprechend greift die Hinführung der Schülerinnen und Schüler zum Begriff des variablen Dreiecks in dieser Lernumgebung[3] die *Dreiecks-Kongruenzsätze* auf (einleitender Text S. 61, Aufgabe **1**). Ausgangspunkt dafür ist ein Bügelbrett als Anwendung.

Nach der Begriffsfestlegung (S. 62) können die Lernenden variable Dreiecke zunächst an einfachen © GeoGebra-Modellen ausloten (Aufgabe **2**). Dabei wird auch eine zentrale Tätigkeit des Begriffsbildens angeregt: die Identifizierung von Gemeinsamkeiten und Unterschieden mehrerer Objekte.

---

1 „Aktiv verstellbar" soll heißen: Der Benutzer hat darauf Zugriff, von Hand oder mit einem elektrischen Antrieb.

2 Einige der hier als *variable Dreiecke* bezeichneten Konstruktionen findet man in ingenieurwissenschaftlicher Literatur etwa als *Kurbelgetriebe mit Geradführung* [6, Tafel 2.3]. Bei diesen sind stets zwei Seitenlängen als konstant vorgegeben, während ein variables Dreieck (entsprechend der Definition oben/auf S. 62) ebenso die Festlegung von anderen zwei Größen zulässt (siehe auch Aufgabe **2**).

  Anwendungen variabler Dreiecke allerdings haben dann doch zumeist zwei Seiten mit gleich bleibender Länge (also nicht etwa je eine Seite und einen Winkel fixiert), d. h. entsprechen dem Spezialfall des Kurbelgetriebes mit Geradführung. Dies kann aber durchaus eine interessante Erkenntnis sein, die durch die weiter gefasste Begriffsfestlegung erst ermöglicht wird.

3 Die Lernumgebung Variable Dreiecke stimmt in weiten Teilen überein mit einem gleich betitelten Abschnitt in [22, S. 71ff].

Danach wird das Bügelbrett von zuvor genauer untersucht (Aufgabe **3**). Insbesondere geht es darum, welche Eigenschaften des variablen Dreiecks im Bügelbrett (je nach Betrachtung sind es sogar gleich zwei variable Dreiecke) dessen Funktion zugute kommen.

Schließlich sollen die Schülerinnen und Schüler selbst auf die Suche nach Anwendungen variabler Dreiecke gehen und geeignet präsentieren (Aufgabe **4**). Der kennengelernte mathematisch-technische Begriff wird so mit ihrem individuellen Lebensumfeld verlinkt.

Variable Dreiecke LU

In Abb. 8.1 links seht Ihr ein Bügelbrett. Ein Dreieck *ABC* aus Stangen und Platte in Abb. 8.1 rechts sorgt dafür, dass es bei der Nutzung stabil bleibt. Schließlich ist nach dem Kongruenzsatz „Seite Seite Seite" ein Dreieck (bis auf Kongruenz) eindeutig festgelegt und damit unbeweglich, wenn seine drei Seitenlängen vorgegeben sind.

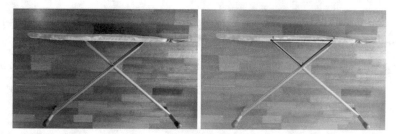

Abb. 8.1 Bügelbrett – mit Modell (erstellt mit © GeoGebra)

Abb. 8.2 Bügelbrett in höchster und zusammengeklappter Position

Das Bügelbrett kann aber auch auf eine andere Arbeitshöhe eingestellt oder zur platzsparenden Aufbewahrung zusammengeklappt werden (siehe Abb. 8.2). Das Dreieck *ABC* aus Abb. 8.1 rechts scheint sich nun doch zu verändern.

Wird hier etwa der Kongruenzsatz außer Kraft gesetzt?

1   Was macht beim Bügelbrett die verschiedenen (anscheinend unbeweglichen?) Zustände möglich? Wenn es Euch aus den Fotos nicht ersichtlich ist: Schaut an einem realen Bügelbrett nach.

In vielen Anwendungen sind Eigenschaften wie bei dem Bügelbrett-Mechanismus günstig. Einerseits soll eine Konstruktion auf verschiedene Positionen einstellbar sein. Andererseits ist für die einzelnen wählbaren Lagen Stabilität erwünscht, wie sie etwa ein Dreieck mit drei festgelegten Seitenlängen hat.

Definition

Wir nennen einen Mechanismus ein **variables Dreieck**, wenn genau zwei seiner insgesamt sechs Größen Seite, Seite, Seite und Winkel, Winkel, Winkel vorgegeben sind und (mindestens) eine dritte aktiv verstellbar[4] ist.

2   In den Abbildungen 8.3–8.6 seht Ihr jeweils ein variables Dreiecken in vier verschiedenen Positionen. Welche Größen sind bei den Mechanismen jeweils fest vorgegeben, d. h. was bleibt zwischen den Bildern einer Serie gleich?

Abb. 8.3   Variables Dreieck 1 (erstellt mit © GeoGebra)

Abb. 8.4   Variables Dreieck 2 (erstellt mit © GeoGebra)

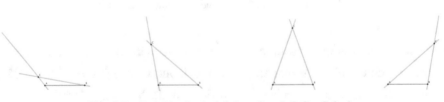

Abb. 8.5   Variables Dreieck 3 (erstellt mit © GeoGebra)

Bei dem Bügelbrett wird zwar eine Seitenlänge verstellt – nämlich die von der Dreiecksseite, die entlang der Platte liegt. Damit ändert man aber zugleich die Höhe h_{AB} auf der Seite AB des Dreiecks ABC (siehe Abb. 8.7), so dass die Platte angehoben oder herabgesenkt wird – und das ist ja eigentlich der gewünschte Zweck.

---

4   „Aktiv verstellbar" soll heißen: Der Benutzer hat darauf Zugriff, von Hand oder mit einem elektrischen Antrieb.

Abb. 8.6 Variables Dreieck 4 (erstellt mit © GeoGebra)

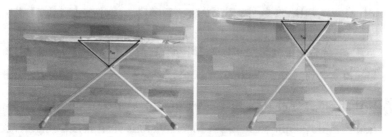

Abb. 8.7 Bügelbrett mit Modell (erstellt mit © GeoGebra)

3 In Abb. 8.8 ist noch ein zweites Dreieck *CDE* eingezeichnet, das gebildet wird aus den Verlängerungen von *AC* und *BC* sowie der Strecke auf dem Boden zwischen den beiden Füßen.

Abb. 8.8 Bügelbrett mit Modell (erstellt mit © GeoGebra)

a Welche Größen sind bei diesem Dreieck vorgegeben? Ist es variabel? Welchen Zweck haben mögliche Änderungen an dem Dreieck?

b Was sorgt bei dem Bügelbrett dafür, dass sich die Platte in jeder eingestellten Stufe (fast) parallel zum Boden befindet (was günstig ist, damit nichts hinunterrutscht)?

In anderen Anwendungen variabler Dreiecke sind vielleicht nicht zwei Seiten, sondern eine Seite und ein Winkel oder zwei Winkel festgelegt, wie Ihr es bei den Modellen in Aufgabe **2** sehen konntet. Anstatt einer Seitenlänge könnte auch eine Winkelgröße aktiv variiert werden.

Oft ist auch ein stufenloses Einstellen möglich. Oder es gibt nur zwei Positionen, die fixiert werden können (zum Beispiel „offen" und „geschlossen").

4 Geht in Eurer Umgebung auf Suche nach variablen Dreiecken.

> ✎ **Tipp**
>
> Guckt z. B. nach Haushaltsgegenständen, Schrank- oder Bustüren, Sport- oder Spiel(platz)-geräten.

Dokumentiert Eure Funde mit Fotos, Videos, Skizzen oder Erläuterungen.

b Erstellt eine kleine Präsentation zu den Konstruktionen, die Euch am besten gefallen. Ihr könnt darin einen Mechanismus ausführlich zeigen oder auch mehrere kürzer.

Erläutert Funktionsweise und Nutzen der jeweiligen variablen Dreiecke, beispielsweise anhand von Fragen wie den folgenden:

– Welche Größe ist es, für die man verschiedene Einstellungen wählen kann – zum Beispiel mittels einer Vorrichtung, die bestimmte Längen oder Winkel vorgibt?[5]

– Ist die Veränderung dieser Größe auch die für die Nutzung relevante? Oder was soll ansonsten mit der Variation bewirkt werden?[6]

– Was sind die Extremwerte, d. h. was sind minimal und maximal einstellbare Seitenlänge oder Winkelgröße?

– Oder spielt eher als bestimmte wählbare Positionen die Bewegung zwischen diesen eine Rolle?

– Wird der Mechanismus elektrisch betrieben oder etwas von Hand verändert?

Ihr könnt dazu die Fotos und Videos verwenden, die Ihr gemacht habt. Außerdem könnt Ihr Text schreiben, Skizzen machen, Bilder oder Animationen mit einer DGS (z. B. © GeoGebra) erstellen, ein Modell aus Pappe und Musterbeutelklammern bauen ... oder was Euch sonst noch einfällt.

---

5   Bei dem Bügelbrett in Aufgabe **1** und **3** war das die Länge der Dreiecksseite entlang der Platte.
6   Für das Bügelbrett ging es dabei um ein Verstellen der Höhe.

KAPITEL 9

Überall Gelenkvierecke

Gelenkvierecke tauchen als bewegliche Mechanismen in zahlreichen Gegenständen des alltäglichen Umfeldes der Schülerinnen und Schüler auf. In dieser Lernumgebung[1] geht es um Gelenkvierecke selbst und welche Zwecke sie in Anwendungen erfüllen.

Ein **Gelenk-n-Eck** besteht aus n Stangen (Seiten), die durch n Gelenke (Eck-
punkte) miteinander zu einem Vieleck verbunden sind. Während ein Dreieck mit
drei vorgegebenen Seitenlängen starr ist (das sagt gerade der Kongruenzsatz „Seite
Seite Seite"), sind Gelenk-n-Ecke mit $n > 3$ beweglich.

Für ein n-Eck kann man allgemein $2n - 3$ Bestimmungsgrößen wählen, um
es (bis auf Kongruenz) festzulegen [19, S. 3f]. Gibt man also einem Gelenk-n-Eck
seine n Seitenlängen durch Stangen vor, so hat es noch einen **Freiheitsgrad** von
$n - 3$. Das heißt, dass weitere $n - 3$ voneinander unabhängige Werte wie Längen von
Diagonalen oder Größen von Winkeln noch zu wählen wären, um das Gelenk-n-Eck
eindeutig zu machen.

Insbesondere kann man für ein **Gelenkviereck** noch *einen* Winkel (oder eine andere
Größe) wählen, um es bis auf Kongruenz eindeutig zu machen. Das bedeutet, dass
Gelenkvierecke sich **zwangläufig** bewegen: Ist eine Stange fixiert und wird eine
der anderen geführt (beispielsweise um einen ihrer Endpunkte gedreht – d. h. ein
Winkel durchläuft verschiedene Größen), so bewegen sich die dritte und die vierte
mit, und ihre Bewegung dabei ist festgelegt.

In Abb. 9.1 ist ein Beispiel für ein Gelenkviereck zu sehen. Die Stange AB
ist fixiert, AD wird zu einer Rotation um A angetrieben – D läuft daher auf dem
gezeichneten Kreis. Die Seiten CD und BC bewegen sich mit. Da B ja fest bleibt,
folgt auch Cs Bewegung einem Kreisbogen. Allerdings schwingt C auf Grund

---

1   Die Lernumgebung Überall Gelenkvierecke stimmt in weiten Teilen überein mit einem gleich
betitelten Abschnitt in [22, S. 81ff].

der Abmessungen der Stangen hier nur hin und her, anstatt volle Umdrehungen zu machen. Die von den anderen Punkten auf *CD* beschriebenen Ortslinien sind dagegen deutlich komplizierter.

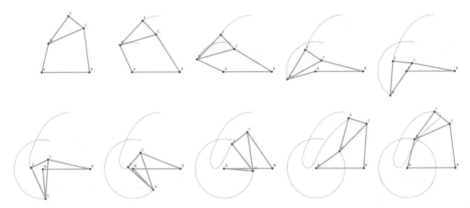

Abb. 9.1   Modell eines Kurbelgetriebes: während *D* um *A* rotiert, beschreibt der Koppelpunkt *E* eine weniger einfache Kurve (erstellt mit © GeoGebra)

Eine solche Konfiguration wird auch als **Kurbelgetriebe** bezeichnet. Die festliegende Stange (*AB*) heißt dabei *Steg*, die beiden benachbarten (*AD* und *BC*) sind die *Arme*, die vierte Stange (*CD*) ist die *Koppel(stange)*. Alle mit *CD* fest verbundenen Punkte (die *Koppelpunkte*) – nicht nur solche, die direkt auf *CD* liegen, also etwa auch der Punkt *E* in Abb. 9.1 – beschreiben *Koppelkurven*. Diese können unterschiedlichste Formen annehmen.[2] So wird in Abb. 9.1 die Koppelkurve des Punktes *E* gezeichnet.

Bei dem Crosstrainer aus Aufgabe **1** können die beiden Fußpedalstangen als Koppeln von Kurbelgetrieben betrachtet werden. In Abb. 9.2 sind dies die Stangen *CD* und *C'D'* der Gelenkvierecke/Kurbelgetriebe *ABCD* und *ABC'D'*. Die Abmessungen sind so gewählt, dass die Koppelkurven der Pedale etwa ellipsenförmig sind. Einer solchen Bahn folgen also die Füße eines Benutzers. So wird eine Bewegung umgesetzt, die zwischen Gehen und Fahrradfahren liegt und möglichst gelenkschonend sein soll.

Die Benennung als Kurbelgetriebe wird in den Aufgaben der vorliegenden Lernumgebung jedoch nicht verwendet. Das liegt vor allem daran, dass in vielen

---

2   Ausführliche Analysen der Bewegung verschiedener Arten von Kurbelgetrieben findet man in vielen Büchern zur ebenen Kinematik, etwa in [7, S. 29ff], [19, S. 32ff], [23, S. 75ff]. Einen Eindruck von der Vielfalt von Koppelkurven schon bei gering variierten Parametern gibt [7, S. 58ff], heutzutage kann man sich diesen aber auch mittels einer DGS-Konstruktion recht einfach selbst verschaffen.

Anwendungen von Gelenkvierecken eine Identifizierung als Kurbelgetriebe nicht einfach ist. Da gibt es beispielsweise keine relativ zu ihrer Umgebung feststehende Stange, so dass man erst eine passende Bezugsebene festlegen müsste. Oder die Bewegung geht nicht eindeutig von einer Stange aus, sondern wird an verschiedenen Stellen initiiert (zum Beispiel bei einem Buch wie in Abb. 9.9, wo ein Teil der Seiten zusammen mit dem Buchdeckel, der andere zusammen mit dem Buchrücken auseinandergeklappt wird[3]).

Die zwangläufige Bewegbarkeit macht Gelenkvierecke zu einem in Anwendungen vielfältig genutzten Mechanismus. Einerseits sind sie eben nicht starr. Andererseits sind die Kurven, die zu ihnen gehörige Punkte – damit sind nicht nur die Ecken gemeint – beschreiben, festgelegt.

Häufig dienen sie zur Führung oder Begrenzung einer Bewegung, oder bestimmte Eigenschaften des Viereckierecks werden in der Konstruktion genutzt. Beispiele sind ein Crosstrainer als Ausgangspunkt dieser Lernumgebung (Aufgaben **1**, **3b**), der Deckel einer Ketchupflasche (Abb. 9.7 zu Aufgabe **4**) und das oben erwähnte Buch, sofern man dessen Seiten in zwei Blöcke unterteilt und jeweils zusammen mit Buchdeckel bzw. -rücken bewegt, wie in Abb. 9.9 (Aufgabe **4**) dargestellt.

Weitere Gelenkvierecke tauchen in anderen Lernumgebungen auf. So geht es im Kapitel 7 Montage einer Gepäckfachklappe um eine Koppelstange (ohne Nennung dieses Begriffes), die bestimmte Punkte durchlaufen soll. Gelenkparallelogramme als Spezialfall von Gelenkvierecken sind in der Lernumgebung 10 Angewandte Gelenkparallelogramme zu untersuchen (Aufgabe **3**), mit zusätzlichen zu erkennenden und zu bewertenden Eigenschaften. Pantographen und Plagiographen, die zentralen Konstruktionen in den Kapiteln 12 Was steckt im Pantographen? und 13 ... und was steckt im Plagiographen?, beinhalten als wesentliches Element jeweils ein Gelenkparallelogramm. Auch die Bustür-Variante „Dreher" in der Lernumgebung 15 Welche ist die beste Bustür? beruht auf einem Gelenkviereck.

Überall Gelenkvierecke geht von einem Crosstrainer als Anwendungsbeispiel aus (Aufgabe **1**), dessen Aufbau und Bewegung die Schülerinnen und Schüler zunächst unabhängig vom Begriff des Gelenkvierecks beschreiben sollen.

---

3   Hierbei handelt es sich um ein Papp-Bilderbuch mit dicken Seiten. Prinzipiell könnte man auch ein Buch mit dünnen (Buch-)Seiten betrachten. Man hätte dann ein Gelenk-n-Eck mit sehr großem n und sehr kurzen (n-Ecks-)Seitenlängen.

Für Aufgabe **2** setzen die Lernenden Gelenk-n-Ecke aus Bauteilen zusammen.[4] Eine zu ergänzende Tabelle (S. 73f) sorgt für eine strukturierte Untersuchung und regt neben der haptischen (bauen) auch eine ikonische (Gelenk-n-Ecke skizzieren) und eine symbolische (mittels Angabe von Seitenlängen) Darstellung an.

Über die Dreiecks-Kongruenzsätze (Aufgabe **2b**) werden die Lernenden zum Begriff des Freiheitsgrades und der zugehörigen Formel geführt (Aufgabe **3a**). Mit Aufgabe **3b** wird dann wieder an den Crosstrainer vom Beginn angeknüpft, bei dem Gelenkvierecke eben für eine zwangläufige Bewegung sorgen.

Abb. 9.2   Crosstrainer mit Modell (erstellt mit © GeoGebra)

Diese Stelle bietet sich an, um zusätzlich den Umgang mit einer Dynamischen Geometrie Software (DGS) zur Modellierung beweglicher Konstruktionen zu üben. So ist in Abb. 9.2 ein GEOGEBRA-Modell der beiden im Crosstrainer genutzten Gelenkvierecke $ABCD$ und $ABC'D'$ (ohne eingezeichnete Verbindung AB) zu sehen.

Man kann auch den Begriff des Freiheitsgrades über Gelenk-n-Ecke hinaus thematisieren: als einer Anzahl von Größen, für die man eine Belegung auswählen kann. Hat man diese Wahlen getroffen, dann sind auch die restlichen Werte des Systems festgelegt. Bei Dreiecks-Konstruktionen bzw. -Kongruenzsätzen setzt man sich damit auseinander: Drei geeignete Größen genügen, um ein Dreieck bis

---

4   Eine Fehlerquelle ist die Ungenauigkeit des Baumaterials. So suggerieren die Papp-Stangen und gegebenenfalls relativ große Löcher (keinen Locher verwenden, sondern Stanzwerkzeug o. ä.!) für die Musterbeutelklammern bisweilen Beweglichkeit, die theoretisch nicht vorhanden sein sollte. Oder umgekehrt haken die Teile, obwohl sie sich eigentlich bewegen lassen müssten. Daher ist es günstig, die ausgefüllte Tabelle (S. 73f) vor der Bearbeitung von Aufgabe **3** zu besprechen.

auf Kongruenz festzulegen. Hier wäre wichtig, das noch gänzlich unbestimmte Dreieck von Gelenk-n-Ecken abzugrenzen. Bei letzteren wurden ja schon vor der Betrachtung der Freiheitsgrade n Seitenlängen festgelegt. Im Kapitel 8 Variable Dreiecke werden nur zwei Größen vorgegeben, so dass man „variable" Dreiecke erhält. Ein anderes Beispiel sind lineare Zuordnungen oder ~Gleichungssysteme. Wird in ersteren eine Größe gewählt, so ist die andere ebenfalls festgelegt (z. B. $f(x) = 5x + 4$ mit der Wahl $x = -2{,}5$, dann ist $f(x) = -8{,}5$).

In Aufgabe **4** sollen die Lernenden in fünf Abbildungen Gelenkvierecke gegenüber anderen Mechanismen abgrenzen. Neben den oben angesprochenen Gegenständen Ketchupflaschendeckel (Abb. 9.7) und Bilderbuch (Abb. 9.9) als Gelenkvierecken sind dort eine Sonnenliege (Abb. 9.5) als variables Dreieck (vgl. Kapitel 8 Variable Dreiecke), ein Fahrradschloss (Abb. 9.6) als Gelenksechseck und ein verstellbares Fernglas (Abb. 9.8), das sich um zwei verschiedene Achsen drehen lässt (und somit ein Beispiel für Aufgabe **3C** in der Lernumgebung 3 Bewegungen ist), zu sehen.

Über ein zusätzliches Beispiel kann auch die Biologie als weiteres MINT-Fach eingebunden werden: So bilden drei Schädelknochen und der Giftzahn einer Kreuzotter in seitlicher Projektion ein Gelenkviereck.

Für Aufgabe **5** suchen die Lernenden selbst nach Anwendungen von Gelenkvierecken in ihrer individuellen Umgebung, um Begriff und Lebenswelt zu verknüpfen. Sofern sie die Konstruktion gut verstanden haben und motiviert sind, stehen die Chancen gut, dass sie tatsächlich „Überall Gelenkvierecke" entdecken.

Überall Gelenkvierecke

In unserer alltäglichen Umgebung kann man in technischen Geräten zahlreiche Gelenkvierecke entdecken. Was Gelenkvierecke sind und welchen Zweck sie jeweils erfüllen, könnt Ihr hier untersuchen.

Bearbeitet die folgenden Aufgaben im Zweier- oder Dreierteam.

1   In Abb. 9.3 seht Ihr eine einfache Version eines Crosstrainers.

Abb. 9.3   Crosstrainer

a   Welche Teile dieses Fitnessgerätes sind starr[5]? Wo sind Gelenke?

b   Schon wenn man nur eine der beiden Handstangen oder eine der beiden Fußpedalstangen oder eine der beiden kurzen Stangen hinten bewegt, müssen alle anderen dieser Teile „zwangläufig"[6] mitgehen.

Beschreibt, wie der Crosstrainer eigentlich genutzt werden sollte.

c   Fallen Euch noch besondere Eigenschaften an der Konstruktion oder der Bewegung auf?

---

5   Ein „starres" Teil ist in sich unbeweglich. Eine Schere beispielsweise besteht normalerweise aus zwei Klingen mit Griffen. Diese beiden Teile sind jeweils starr. Sie sind durch ein Gelenk miteinander verbunden, so dass man sie gegeneinander bewegen kann.

Ein Tisch, sofern er kein Klapptisch ist, ist normalerweise komplett starr: Er ist extra so konstruiert, dass die Tischbeine eben nicht ihre Position gegenüber der Platte verändern und er daher stabil stehen bleibt.

6   Das ist kein Tippfehler – es soll wirklich „zwangläufig" und nicht „zwangsläufig" heißen. Es bedeutet gerade, dass die Stangen zu ihrem „Lauf", d. h. ihrer Bewegung gezwungen werden.

2 Schneidet die Stangen- und Winkel-Bauteile unten und auf der nächsten Seite aus Pappe aus. Stanzt oder bohrt Löcher bei den kleinen Kreisen. Jedes Team sollte ein Bauset haben.[7]

---

7   Aufgabe **2** ist angelehnt an [13, Aufgabe 21, S. 194] und [15, Aufgabe 2, S. 48].

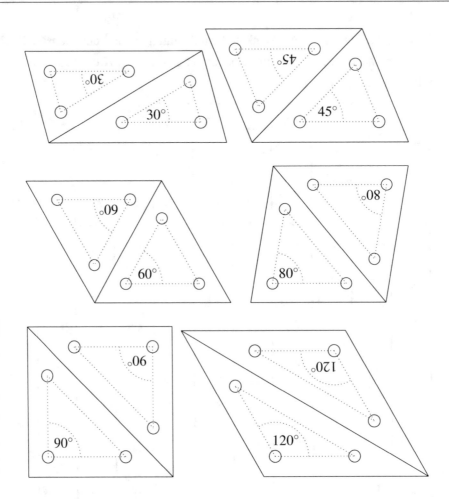

a Baut aus Papp-Stangen und Musterbeutelklammern je zwei **Gelenk-dreiecke**, **-vierecke**, **-fünfecke**, **-sechsecke**, je ein **Gelenksiebeneck** und **-achteck**. Ein Beispiel für ein Gelenkfünfeck seht Ihr in Abb. 9.4 links.

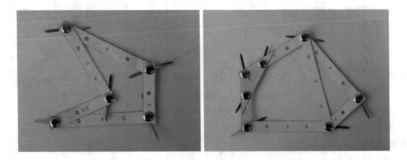

Abb. 9.4 Ein Gelenkfünfeck – ... mit einem zusätzlich vorgegebenen Winkel und einer Diagonale

Ergänzt die Tabelle auf den folgenden beiden Seiten:

– Welche Stangenlängen habt Ihr verwendet?

– Sind die Stangen zueinander beweglich?

– Macht von jedem bereits starren Gelenkvieleck eine Skizze.

– Für die beweglichen Vielecke: Fügt so lange Winkelplättchen zwischen benachbarten Seiten oder weitere Stangen als Diagonalen ein (siehe Abb. 9.4 rechts), bis es starr ist. Skizziert das Vieleck, das Ihr so jeweils erreicht habt.

– Notiert außerdem die Anzahl der Teile, die Ihr *mindestens* ergänzen müsst, bis das Gelenkvieleck unbeweglich wird.

	Seitenlängen in cm	beweglich? (ja/nein)	Anzahl ergänzte Teile
erstes Gelenkdreieck	5, 5, 7	...	0

Skizze (Grundaufbau oder mit Teilen ergänzt)

zweites Gelenkdreieck	...	...	...

Skizze (Grundaufbau oder mit Teilen ergänzt)

erstes Gelenkviereck	...	...	...

Skizze (Grundaufbau oder mit Teilen ergänzt)

	Seitenlängen in cm	beweglich? (ja/nein)	Anzahl ergänzte Teile
zweites Gelenkviereck			

Skizze (Grundaufbau oder mit Teilen ergänzt)

Gelenkfünfeck		ja	2

Skizze (Grundaufbau oder mit Teilen ergänzt)

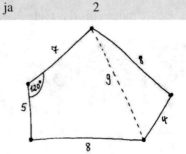

zweites Gelenkfünfeck			

Skizze (Grundaufbau oder mit Teilen ergänzt)

erstes Gelenksechseck			

Skizze (Grundaufbau oder mit Teilen ergänzt)

	Seitenlängen in cm	beweglich? (ja/nein)	Anzahl ergänzte Teile
zweites Gelenksechseck	...	...	...

Skizze (Grundaufbau oder mit Teilen ergänzt)

Gelenksiebeneck	...	...	

Skizze (Grundaufbau oder mit Teilen ergänzt)

Gelenkachteck			

Skizze (Grundaufbau oder mit Teilen ergänzt)

b Die Un-/Beweglichkeit der Gelenkvielecke und die Anzahl der mindestens zu ergänzenden Teile bis zur jeweiligen „Erstarrung" in **a** hängt mit den Dreiecks-Kongruenzsätzen zusammen. Habt Ihr eventuell eine Idee, inwiefern das so ist?

3 **a** Die Mindest-Anzahl hinzuzufügender Teile bis zur „Erstarrung" aus **2a** nennt man den **Freiheitsgrad** des jeweiligen Gelenk-n-Ecks.

Welchen Freiheitsgrad hat ein Gelenk-31-eck? Gebt eine allgemeine Formel für den Freiheitsgrad von Gelenk-n-Ecken an.

b Setzt aus den Bauteilen einen Mechanismus zusammen, mit dem man die Bewegung des Crosstrainers aus Aufgabe **1** möglichst gut simulieren kann. Ihr könnt nur eine Seite für linken Fuß und linke Hand (bzw. für rechten Fuß und rechte Hand) bauen oder beide Seiten. Auf welche Eigenschaften achtet Ihr dabei? Wo gibt es Probleme?

Welchen Freiheitsgrad hat der Crosstrainer? Habt Ihr eine Idee, warum der Crosstrainer so konstruiert wurde, dass er gerade diesen Freiheitsgrad hat?

Definition

Sei $n \geq 3$. Ein **Gelenk-n-Eck** ist ein n-Eck, dessen Seiten starre Einzelteile (Stangen oder Ähnliches) und dessen Ecken Gelenke sind.

Die Anzahl von Teilen (als Diagonalen, Winkelplättchen), die man *mindestens* ergänzen muss, bis sich die Seiten eines Gelenk-n-Ecks nicht mehr gegeneinander bewegen lassen, nennt man seinen **Freiheitsgrad**.

Der Freiheitsgrad eines Gelenk-n-Ecks ist $n - 3$.

---

4 In den Abbildungen 9.5–9.9 seht Ihr weitere Fotos von beweglichen Gegenständen.

a Welche davon beinhalten ein Gelenkviereck? Zeichnet es gegebenenfalls ein.

Habt Ihr eine Idee, warum bei dem Gegenstand ein Gelenkviereck verwendet wird – und nicht zum Beispiel eine starre Konstruktion oder ein Gelenk-n-Eck mit größerem n? Hat es besondere Eigenschaften?

b Beschreibt bei den anderen Mechanismen kurz die Funktion, und warum es sich dabei nicht um ein Gelenkviereck handelt. Gebt ihnen jeweils einen Namen.

Abb. 9.5 Sonnenliege

Abb. 9.6 Fahrradschloss

Abb. 9.7 Ketchupflasche

Abb. 9.8 Fernglas

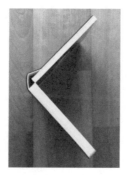

Abb. 9.9 Bilderbuch

5 Geht in Eurer Umgebung auf Suche nach Gelenkvierecken.

> **🖋 Tipp**
>
> Guckt z. B. nach Haushaltsgegenständen, Schrank- oder Bustüren, Sport- oder Spiel(platz)-geräten.

Dokumentiert Eure Funde mit Fotos, Videos, Skizzen oder Erläuterungen.

b Erstellt eine kleine Präsentation zu den Konstruktionen, die Euch am besten gefallen. Ihr könnt darin einen Mechanismus ausführlich zeigen oder auch mehrere kürzer.

Warum wird dort wohl ein Gelenkviereck genutzt? Hat es besondere Eigenschaften?

Ihr könnt die Fotos und Videos verwenden, die Ihr gemacht habt. Außerdem könnt Ihr Text schreiben, Skizzen machen, eine Animation oder Bilder mit einer DGS (z. B. © GeoGebra) erstellen, ein Modell aus Pappe und Musterbeutelklammern oder mit LEGO bauen . . . oder was Euch sonst noch einfällt.

KAPITEL 10

Angewandte Gelenkparallelogramme

In dieser Lernumgebung[1] geht es um **Gelenkparallelogramme** und deren Spezialfall **Gelenkrauten**, die in vielen Anwendungen der alltäglichen Umgebung von Schülerinnen und Schülern zu finden sind. Im Vergleich zu allgemeinen Gelenkvierecken (siehe die Analyse in der Einführung zum Kapitel 9 Überall Gelenkvierecke) haben sie Zusatzeigenschaften, die den Sinn ihrer Verwendung bisweilen leichter zu erschließen machen: Parallelität und gleiche Länge gegenüberliegender Seiten, bei den Rauten zusätzlich gleiche Länge aller Seiten und Orthogonalität der Diagonalen.

Der Fokus in Überall Gelenkvierecke liegt daher auch nicht auf der genauen Funktion der in technischen Gegenständen eingesetzten Gelenkvierecke. Zunächst geht es dort – nach einem einführenden Beispiel – um Freiheitsgrade von Gelenk-n-Ecken im Allgemeinen und die Zwangläufigkeit von Gelenkvierecken im Besonderen.

Im vorliegenden Kapitel Angewandte Gelenkparallelogramme sollen dann die besonderen Merkmale von Gelenkparallelogrammen in die Analyse selbst gefundener Anwendungen einbezogen werden (Aufgabe **3**).[2]

Dem vorausgehend sollen die Schülerinnen und Schüler die Begriffe Gelenkparallelogramm und Gelenkraute klären (Aufgabe **1** bzw. **2**).

---

1   Die Lernumgebung Angewandte Gelenkparallelogramme stimmt in weiten Teilen überein mit einem gleich betitelten Abschnitt in [22, S. 93ff].

2   Falls aber zuvor Aufgabe **5** von Überall Gelenkvierecke bearbeitet und dabei Gelenkparallelogramme sowie deren Eigenschaften berücksichtigt wurden, so wird Angewandte Gelenkparallelogramme eventuell redundant.

Angewandte Gelenkparallelogramme

1   Was ist ein Gelenkparallelogramm? Vielleicht habt Ihr den Begriff schon
    kennengelernt, ansonsten könnt Ihr ihn Euch sicher auch selbst erschließen.

senkrecht

Abstand   Drehung

Gelenk   Länge   Viereck

parallel   Punkt

Seite   Winkel   Verschiebung

Verfasst eine kurze Beschreibung für jemanden, der die obenstehenden Fach-
wörter kennt, aber nicht weiß, was ein Parallelogramm, ein Gelenkviereck oder
gar ein Gelenkparallelogramm ist. Ihr könnt auch eine Zeichnung machen oder
zunächst Hilfsbegriffe definieren.

> **Tipp**
>
> | Ihr braucht nicht alle Begriffe zu verwenden!

2   Und was ist eine Gelenkraute? Zur Beschreibung könnt Ihr wieder die obenste-
    henden Begriffe, den Begriff des Gelenkparallelogramms oder Hilfsbegriffe
    nutzen. Ihr könnt dazu natürlich auch eine Zeichnung anfertigen.

Abb. 10.1   Werkzeugkasten: Welche(n) Zweck(e) erfüllt(-en) das (die) Gelenkparal-
lelogramm(e) hier?

3 **a** Sucht in Eurer Umgebung nach Gelenkparallelogrammen. Ein Beispiel
seht Ihr in Abb. 10.1: einen Werkzeugkasten zum Aufklappen. Dokumentiert Eure Funde mit Fotos, Videos, Skizzen oder Erläuterungen. Sind
Gelenkrauten dabei?

b Wählt zwei der gefundenen Mechanismen aus. Wie werden darin jeweils
die Eigenschaften eines Gelenkparallelogramms – oder sogar einer Gelenkraute, wenn es eine ist – genutzt? Warum wird in der jeweiligen
Konstruktion eine Gelenkraute anstatt eines nicht-rautenförmigen Gelenkparallelogramms verwendet – oder wieso gerade umgekehrt?

KAPITEL 11

Hoch hinaus: Leitern

Leitern werden genutzt, um irgendwo hinauf- oder hinunterzuklettern. Gegenüber Treppen bieten sie den Vorteil, dass sie weniger Raum einnehmen und häufig noch weiter komprimiert werden können. Das macht auch den mobilen Einsatz vieler Varianten möglich.

Zur Gewährleistung dieser Vorteile sind Leitern oft weitestmöglich simpel konstruiert. Die mathematischen Aspekte, die in ihnen stecken, sind dann gut einsehbar. Das macht sie zu einem recht einfachen Beispiel einer Gegenstandsfamilie, die Lernenden als Ausgangspunkt für mathematische Erkundungen vorgegeben werden kann.

Im Kapitel 15 Welche ist die beste Bustür? geht es ebenfalls um Objekte gleicher Art (Bustüren), die in ihren jeweiligen Ausführungen voneinander abweichen können. So kommen sie möglicherweise verschiedenen spezifischen Anforderungen nach. Zumindest beinhalten sie unterschiedliche mathematische Konzepte, die untersucht und verglichen werden können.

Natürlich gibt es viele weitere Familien von untereinander ähnlicher Gegenstände, die für solch eine entdeckende Auseinandersetzung geeignet sind.

In Hoch hinaus: Leitern ist bei den zu betrachtenden Konstruktionen ein vergleichsweise einfaches Niveau zu erwarten. Leitern sollen für Aufgabe **1** gefunden, in **2** analysiert und für **3** vorgestellt werden.

Die mathematischen Konzepte, die dabei gefunden werden können, sind beispielsweise Verschiebungen wie bei der Leiter am Bücherregal in Abb. 11.1 (sie ist auch eine der Beispielanwendungen in der Lernumgebung 3 Bewegungen) oder der Teleskopleiter in Abb. 11.2. Von letzterer kann auch mit einer Drehung ein Element umgeklappt werden.

In Leitern mit Klappmechanismen, siehe Abb. 11.3 für ein Beispiel, stecken neben Drehungen etwa auch die Konzepte variabler Dreiecke (siehe Kapitel 8 Variable Dreiecke) oder von Gelenkparallelogrammen (Lernumgebung 10 Angewandte Gelenkparallelogramme).

Abb. 11.1   verschiebbare Leiter an einem Bücherregal

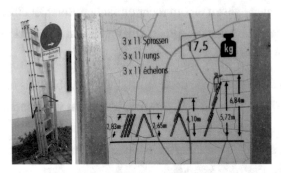

Abb. 11.2   umklappbare Teleskopleiter

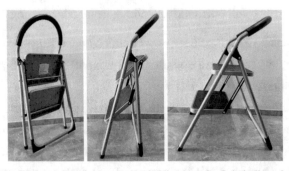

Abb. 11.3   Klappleiter mit variablem Dreieck (die obere Stufe hält die aufgestellte Leiter in Position) und Gelenkparallelogramm

Hoch hinaus: Leitern

Leitern werden genutzt, um irgendwo hinauf- oder hinunterzuklettern. In diesem Kapitel könnt Ihr untersuchen, welche mathematischen Eigenschaften in verschiedenen Ausführungen von Leitern stecken.

1 Geht in Eurer Umgebung auf die Suche nach Leitern.

Dokumentiert Eure Funde mit Fotos, Videos, Skizzen oder Erläuterungen.

2 Wählt von Euren gefundenen Leitern zwei bis vier (je nach Komplexität) aus und analysiert ihren Aufbau. Welche Anforderungen werden wohl an die jeweilige Leiter gestellt? Welche mathematischen Aspekte haben sie, und wofür sind diese wohl jeweils günstig? Warum wird keine Treppe oder eine andere Konstruktion genutzt?

3 Gestaltet eine kleine Übersicht (etwa ein bis zwei DIN-A4-Seiten), in der Ihr Eure ausgewählten Leitern anhand Eurer Analyse aus Aufgabe 2 mit Funktionsweise und Nutzen vorstellt.

Die angesprochene Zielgruppe (potentielle Kunden, Leser einer Fachzeitschrift, Schüler in einer Ausstellung ...) könnt Ihr Euch selbst überlegen.

Ihr könnt dazu die Fotos und Videos verwenden, die Ihr gemacht habt. Außerdem könnt Ihr Text schreiben, Skizzen machen, Bilder mit einer DGS (z. B. © GeoGebra) erstellen, ein Modell aus Pappe und Musterbeutelklammern bauen ... oder was Euch sonst noch einfällt.

KAPITEL 12

Was steckt im Pantographen?

Pantographen, die Geräte im Fokus dieser Lernumgebung,[1] sind eine technische Umsetzung der **Ähnlichkeitsabbildung** einer **zentrischen Streckung**.

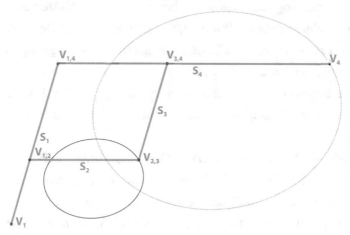

Abb. 12.1 Modell eines Pantographen (erstellt mit © GeoGebra)

Bei einer Analyse ihrer Konstruktion sind das Konzept der **Ähnlichkeit** (wie hier genutzt, siehe S. 89ff) oder **Strahlensätze** aber möglicherweise geeigneter. Schließlich handelt es sich um einen fertig vorliegenden Mechanismus, nicht um etwas, das gerade erstellt wird.

Strahlensätze und zentrische Streckungen, allgemeiner Ähnlichkeit und Ähnlichkeitsabbildungen, hängen mathematisch eng zusammen. Man kann sie als statischere oder eben dynamischere Perspektive auf die gleichen Phänomene betrachten.

In dieser Lernumgebung soll der Pantograph eine Art Mittlerfunktion zwischen beiden Sichtweisen einnehmen: Sein „Input" (Mechanismus Pantograph mit fixen

---

1   Die Lernumgebung Was steckt im Pantographen? stimmt in weiten Teilen überein mit einem
     gleich betitelten Abschnitt in [22, S. 97ff].

Größen) beinhaltet diverse ähnliche Dreiecke, anhand derer seine Funktion erklärt werden kann. Sein „Output" ist die (dynamische Abbildung) zentrische Streckung.

Vorausgesetzt wird für dieses Kapitel daher die Kenntnis der **Dreiecks-Ähnlichkeitssätze**. Darauf aufbauend sollen die Schülerinnen und Schüler mittels eines Pantographen zentrische Streckungen durchführen und deren Eigenschaften identifizieren.

So ist auch der Titel Was steckt im Pantographen? gemeint. Zum einen: Welche mathematischen Konzepte wurden in den Mechanismus Pantograph investiert (hineingesteckt)? Zum anderen: Welche mathematischen Sachverhalte (die im Pantographen stecken) holt man aus dem Pantographen heraus, wenn man ihn benutzt?

In diesem Kapitel bauen die Schülerinnen und Schüler eine von vier Pantographen-Versionen aus den abgedruckten Bauteilen (S. 92) sowie Musterbeutelklammern. Damit das Zeichnen mit dem Pantographen (Aufgabe 1) gut funktioniert, sollten die Kopien der Bausets und des Zeichenbogens (S. 94, in Originalgröße auf DIN-A4-Papier kopieren, so dass die linken unteren Ecken von Buchseite und Kopie aufeinander liegen) möglichst unverzerrt und die gestanzten Löcher passgenau für die Musterbeutelklammern (keinen Locher, sondern Stanzwerkzeug verwenden!) sein.

Für Aufgabe **2** sollen die Lernenden Gemeinsamkeiten und Unterschiede zwischen Ur- und Abbildern ihrer Zeichnungen sowie zwischen den mit verschiedenen Pantographen erhaltenen Abbildern identifizieren. So finden sie selbstständig Eigenschaften einer zentrischen Streckung (siehe Kasten S. 97) und werden zu diesem Begriff geführt (Kasten S. 96).

Aufgabe **4** schlägt den Bogen von dort zurück zum Zeichengerät: Wo sind die in der Definition genannten Größen am Pantographen zu finden?

Streckfaktoren kleiner als 1 können bereits zuvor in den Blick gerückt sein, auch dies ausgehend vom Mechanismus Pantograph (Aufgabe **3** – siehe dazu auch die Fußnote zu (2) auf S. 89). Explizit wird dies in Aufgabe **5** thematisiert. Dort geht es auch darum, welche der angegebenen Eigenschaften alle Ähnlichkeitsabbildungen erfüllen und welche spezifisch für zentrische Streckungen sind. Zudem wird noch nach aktuellen oder früheren Anwendungsfeldern für Pantographen gefragt.

Schließlich gibt es drei Aufgaben zur Wahl. In Aufgabe **6A** sollen die bisherigen Erkenntnisse etwa auf einem Poster zusammengefasst und anhand vorgegebener Fragen ergänzt werden (Erweiterung der Definition auf negative Streckfaktoren,

Überprüfen auf zentrische Streckung und Streckzentrum, Änderung des Flächeninhalts). Alternativ ist für Aufgabe **4** zu argumentieren: dass die Eigenschaften auf S. 97 aus der Definition einer zentrischen Streckung folgen, und dass ein Pantograph tatsächlich eine zentrische Streckung umsetzt. Letzteres wird anhand zweier zu zeigender Punkte angeleitet und ist unten nachzulesen. Aufgabe **6C** regt zum Ausloten der Möglichkeiten und Grenzen eines Pantographen an: Können auch andere Ähnlichkeitsabbildungen umgesetzt werden?

Zentrisch strecken mit einem Pantographen   Um mit einem Pantographen zu zeichnen, befestigt man eines seiner freien Enden – V_1 in Abb. 12.1 – an einem festen Punkt Z, der so zum Streckzentrum wird. Mit dem Punkt $V_{2,3}$ („Verbindungspunkt" der Stangen 2 und 3) fährt man eine Vorlage ab.

Das andere freie Ende V_4 wird dadurch zwangläufig geführt. Und zwar sind Pantographen gerade so konstruiert, dass

(1) die Punkte V_1, $V_{2,3}$ und V_4 stets auf einer Geraden liegen, mit $V_{2,3}$ zwischen V_1 und V_4, und

(2) dass jederzeit $\overline{V_1V_4} = k \cdot \overline{V_1V_{2,3}}$ mit einer Konstante $k > 0$ gilt.[2]

Dies bedeutet dann ja, dass alle Punkte P, die man in der Vorlage mit $V_{2,3}$ nachfährt, jeweils einen gleichzeitig von V_4 gezeichneten Bildpunkt P' erhalten, der eben diese Eigenschaften übernimmt: auf der Gerade ZP zu liegen, so dass für alle diese P und P' die Reihenfolge von Z, P und P' auf ZP die gleiche ist, und für alle P-P'-Paare $\overline{ZP'} = k \cdot \overline{ZP}$ gilt.

Diese Merkmale definieren gerade eine zentrische Streckung.

Welche baulichen Eigenschaften weist ein Pantograph auf, um (1) und (2) zu erfüllen?   Bei einem Pantographen, siehe beispielsweise das © GeoGebra-Modell in Abb. 12.2, Bezeichnungen wie dort, sind die Längen von $V_1V_{1,4}$ (Stange

---

2   Auf diese Verwendung sind die Modell-Pantographen auf S. 92, der Zeichenbogen auf S. 94 sowie Aufgabe **1** ausgerichtet (Lochgrößen, Bauanleitung, Vorlagenaufbau, Aufgabentexte).

Es geht aber auch andersherum: Mit V_4 folgt man einer Vorlage, bei $V_{2,3}$ wird gezeichnet. Dann hat man eine zentrische Streckung mit Streckfaktor $0 < k < 1$ – darum geht es in den Aufgaben **3** und **5a** –, ansonsten ist $k > 1$.

Ferner kann man auch $V_{2,3}$ befestigen, mit V_1/V_4 einer Vorlage folgen und bei V_4/V_1 zeichnen – dann hat man eine zentrische Streckung mit negativem Streckfaktor, was in den Wahlaufgaben **6Aa** und **6Ca** thematisiert wird.

V_4 zu befestigen liefert schließlich wieder Streckfaktoren > 1, wenn bei V_1 gezeichnet wird, und positive Streckfaktoren < 1 beim Zeichnen mit $V_{2,3}$.

S1 vom Befestigungspunkt bis zur Verbindung mit Stange S4),[3] $V_{1,2}V_{2,3}$ (Stange S2 vom Gelenk mit S1 bis zu dem mit Stange S3), $V_{1,4}V_4$ (Stange S4 von der Verbindung mit S1 bis zum Zeichenpunkt) sowie die Lage des Gelenkes $V_{1,2}$ auf S1 so gewählt, dass $\frac{\overline{V_{1,4}V_4}}{\overline{V_{1,2}V_{2,3}}} = \frac{\overline{V_1V_{1,4}}}{\overline{V_1V_{1,2}}} = k$ für eine Konstante $k > 0$ ist.

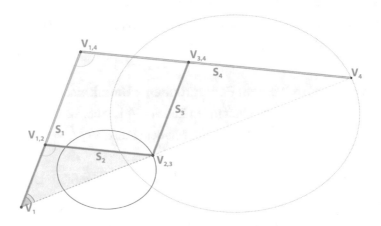

Abb. 12.2   Modell zu den Eigenschaften eines Pantographen (erstellt mit © GeoGebra)

Die Strecke $V_{2,3}V_{3,4}$ (Stange S3 von der Verbindung mit S2 bis zu der mit S4) erhält dann die gleiche Länge wie der Abschnitt $V_{1,2}V_{1,4}$ auf S1. S3 wird an S4 mit dem Gelenk $V_{3,4}$ so befestigt, dass $\overline{V_{1,4}V_{3,4}} = \overline{V_{1,2}V_{2,3}}$ ist, und mit dem anderen Ende an S2 in $V_{2,3}$. Damit sorgen diese Abmessungen dafür, dass die vier Punkte $V_{1,2}$, $V_{2,3}$, $V_{3,4}$ und $V_{1,4}$ stets ein **Gelenkparallelogramm** bilden.

Insbesondere bewirkt die Parallelität von S2 und S4, dass die Winkel $\angle V_1V_{1,4}V_4$ und $\angle V_1V_{1,2}V_{2,3}$ stets gleich groß sind (Stufenwinkel).

Zusammen mit dem genannten Seitenverhältnis $\frac{\overline{V_{1,4}V_4}}{\overline{V_{1,2}V_{2,3}}} = \frac{\overline{V_1V_{1,4}}}{\overline{V_1V_{1,2}}}$ bekommt man, dass nach dem Ähnlichkeitssatz „Seitenverhältnis Winkel Seitenverhältnis" die Dreiecke $V_1V_4V_{1,4}$ und $V_1V_{2,3}V_{1,2}$ stets zueinander ähnlich sind.

Folglich sind auch die Winkel $\angle V_4V_1V_{1,4}$ und $\angle V_{2,3}V_1V_{1,4}$ gleich groß. Und da $V_{1,2}$ auf der Stange $V_1V_{1,4}$ ist, liegt daher auch $V_{2,3}$ auf der Strecke V_1V_4 (Eigenschaft (1) von oben).

Außerdem gilt auch für die Dreiecksseiten V_1V_4 und $V_1V_{2,3}$ die Verhältnisgleichung $\frac{\overline{V_1V_4}}{\overline{V_1V_{2,3}}} = \frac{\overline{V_{1,4}V_4}}{\overline{V_{1,2}V_{2,3}}} = \frac{\overline{V_1V_{1,4}}}{\overline{V_1V_{1,2}}} = k$, also insbesondere $\overline{V_1V_4} = k \cdot \overline{V_1V_{2,3}}$ (Eigenschaft (2) von oben).

---

3   Wie diese Längen aufzufassen sind, ist hier genauer erläutert, weil bei den Pantographenversionen A/B/C/D Stangenlängen und die Distanzen zwischen Gelenken verschieden sind.

Was steckt im Pantographen?

Ein **Pantograph** ist ein Zeichengerät, wörtlich genommen aus dem Griechischen ein „Allesschreiber". Aus einer gegebenen Zeichnung kann man mit einem Pantographen eine neue erstellen. Welche Eigenschaften diese Bildfigur dann hat und wo im Pantographen Mathematik steckt, könnt Ihr hier entdecken.

Schneide eines der vier Pantographen-Bausets A/B/C/D unten aus Pappe aus. Die Teile 1, 2, 3, 4 gehören zum Grundaufbau des Pantographen. Die Teile 5 und 6 dienen lediglich einem präziseren Zeichnen damit.

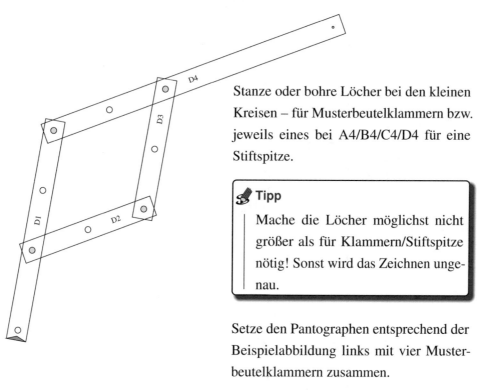

Stanze oder bohre Löcher bei den kleinen Kreisen – für Musterbeutelklammern bzw. jeweils eines bei A4/B4/C4/D4 für eine Stiftspitze.

✎ **Tipp**

Mache die Löcher möglichst nicht größer als für Klammern/Stiftspitze nötig! Sonst wird das Zeichnen ungenau.

Setze den Pantographen entsprechend der Beispielabbildung links mit vier Musterbeutelklammern zusammen.

Er sollte sich flüssig auseinanderziehen und zusammenschieben lassen, ohne dass die Stangen an den Klammern viel verrutschen (sonst sind eventuell die Löcher zu groß oder die Klammern nicht genug aufgebogen).

Wahrscheinlich wird das Zeichnen mit dem Pantographen etwas präziser, wenn Du die Grundkonstruktion noch wie auf S. 93 gezeigt veränderst.

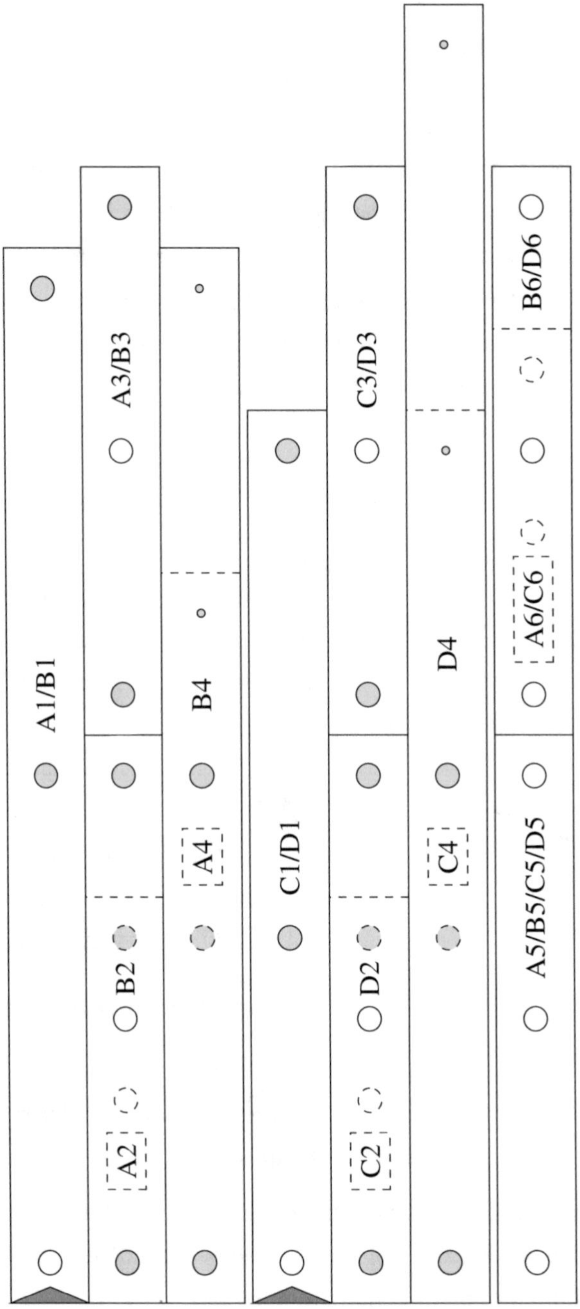

A1/B1

A3/B3

A2

B2

B4

A4

C1/D1

C3/D3

C2

D2

C4

D4

A5/B5/C5/D5

B6/D6

A6/C6

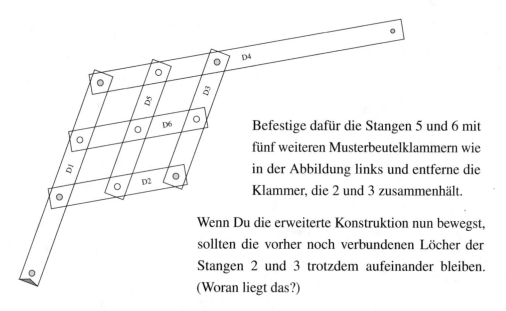

Befestige dafür die Stangen 5 und 6 mit fünf weiteren Musterbeutelklammern wie in der Abbildung links und entferne die Klammer, die 2 und 3 zusammenhält.

Wenn Du die erweiterte Konstruktion nun bewegst, sollten die vorher noch verbundenen Löcher der Stangen 2 und 3 trotzdem aufeinander bleiben. (Woran liegt das?)

Um die besonderen Eigenschaften des Pantographen beim Zeichnen erkennen zu können, benötigst Du jetzt noch eine Vorlage.

Bohre oder stanze auf dem Zeichenbogen, S. 94, jeweils ein Loch für eine Musterbeutelklammer bei Z_1 und bei Z_2.

Befestige das freie Ende von A1/B1/C1/D1 (das mit dem grauen Dreieck markierte) mit einer Klammer zunächst bei Z_1 und stecke einen Stift in das dafür vorgesehene kleine Loch am freien Ende von A4/B4/C4/D4.

1   Zeichne mit dem Pantographen wie folgt:

   a Bewege den Stift so, dass der Mittelpunkt der Löcher, wo A2/B2/C2/D2 und A3/B3/C3/D3 zusammentreffen (mit Klammer im Grundaufbau, ohne in der Erweiterung), den Kreisrand möglichst genau abfährt. (Ohne Klammer dort siehst Du natürlich genauer, wo Du gerade bist.)

   > ✎ **Tipp**
   >
   > Versuche es erst ein paar Male ohne Stift und beobachte zunächst, wie sich der Pantograph dabei bewegt.

   Was bekommst Du?

   b Überlege nun, welches Ergebnis Du erhältst, wenn Du das Gleiche für das Dreieck machst. Wiederhole dann das Zeichnen für das Dreieck.

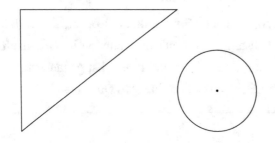

Welche Ergebnisse vermutest Du für den Fall, dass der Pantograph bei Z_2 statt Z_1 festgesteckt wird?

Befestige den Pantographen nun bei Z_2 statt Z_1 und fahre erneut nacheinander beide Figuren ab.

2 **a** Vergleicht in einer Zweier- bis Vierer-Gruppe mit verschiedenen Pantographen Eure Ergebnisse.

> ✏️ **Tipp**
>
> Eventuell hilft es Euch, bestimmte Punkte am Pantographen zu benennen, etwa: Mittelpunkt der Klammer, die Stange 2 & 3 verbindet: $V_{2,3}$; Mittelpunkt des Loches am freien Ende von Teil 1: V_1; Mittelpunkt des kleinen Loches am freien Ende von Teil 4: V_4; ....

– Was haben Ausgangs- und Bildfigur gemeinsam?

– Worin unterscheiden sie sich?

– Wie beeinflusst der genutzte Pantograph das Resultat? Welche Abmessungen oder Längenverhältnisse spielen dabei eine Rolle, welche nicht?

– Welche Schwierigkeiten sind aufgetreten?

b Erstellt selbst eine weitere einfache Vorlagenzeichnung mit Befestigungspunkt Z_3, die Ihr dann mit den verschiedenen Pantographen übertragt.

Was müsst Ihr dabei alles beachten?

3 Die in Aufgabe **1** erhaltenen Bildfiguren waren jeweils größer als die Ausgangsfigur. Wie verkleinert man mit einem Pantographen?

Ein Pantograph setzt eine bestimmte **Ähnlichkeitsabbildung** um: eine zentrische Streckung. Ähnlichkeitsabbildungen haben ihren Namen daher, dass Ausgangs- und Bildfigur bei ihnen ähnlich[4] zueinander sind.

---

4   Zwei Figuren sind zueinander **ähnlich**, wenn einander entsprechende Winkel und Streckenlängen-Verhältnisse gleich groß sind (Definition nach [14, S. 31]).

Definition

Die **zentrische Streckung** $S_{Z;k}$ mit **Streckzentrum** Z und **Streckfaktor** $k > 0$ bildet einen Punkt P ab auf den Punkt P' auf dem Strahl ZP mit $\overline{ZP'} = k \cdot \overline{ZP}$.

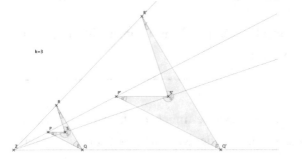

(erstellt mit © GeoGebra)

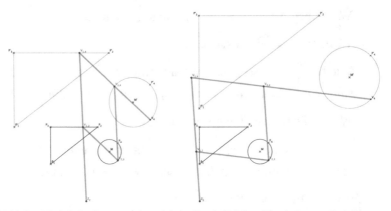

Abb. 12.3 Modell des Pantographen A bzw. D mit Zeichen-Ergebnis zum Befestigungspunkt Z_2 bzw. Z_1 (erstellt mit © GeoGebra)

4   Was ist bei den obigen Pantograph-Zeichenbeispielen (Aufgabe **1**) jeweils das Streckzentrum? Welche Punkte am Pantographen entsprechen den in der Definition genannten Punkten P und P'? Welchen Wert hat der Streckfaktor k für A/B/C/D? Wo überall am Pantographen findet Ihr k als Verhältnis von Streckenlängen wieder?

 Tipp

Auch hier kann eine Bezeichnung der Punkte helfen, wie sie bei Aufgabe **2** vorgeschlagen ist.

Von den folgenden Merkmalen einer zentrischen Streckung habt Ihr vielleicht schon einige bei Aufgabe **2a** aufgeschrieben.

Weitere Eigenschaften der zentrischen Streckung $S_{Z;k}$:

(1) Entsprechende **Winkel** in Ausgangs- und Bildfigur sind **gleich groß**.

Für die beiden Beispiel-Vierecke zur Definition S. 96 bedeutet das: $\alpha' = \alpha$, $\beta' = \beta$, $\gamma' = \gamma$, $\delta' = \delta$.

(2) Die **Strecken** der Bildfigur sind jeweils k-**mal so lang** wie die entsprechenden Strecken der Ausgangsfigur.

Es gilt dort also: $\overline{P'Q'} = 3 \cdot \overline{PQ}$, $\overline{Q'R'} = 3 \cdot \overline{QR}$, $\overline{R'S'} = 3 \cdot \overline{RS}$, $\overline{S'P'} = 3 \cdot \overline{SP}$.

(3) Jede **Bildstrecke** ist **parallel** zu ihrer **Ausgangsstrecke**.

Das heißt bei den Vierecken oben: $P'Q' \parallel PQ$, $Q'R' \parallel QR$, $R'S' \parallel RS$, $S'P' \parallel SP$.

---

5 **a** Wie wirkt sich der Unterschied „verkleinern" mit dem Pantograph (vgl. Aufgabe **3**) gegenüber „vergrößern" auf den Streckfaktor k aus?

b Welche der obigen Eigenschaften **(1)**–**(3)** sollten alle Ähnlichkeitsabbildungen aufweisen? Welche ist/sind wohl Besonderheit/en der zentrischen Streckung?

c In welchen Bereichen könnten Pantographen früher eingesetzt worden sein? Gibt es heute noch Anwendungsfelder? Dazu könnt Ihr auch recherchieren.

Wähle von den folgenden Aufgaben **6A**–**6C** eine zur Bearbeitung im Zweier- oder Dreier-Team aus.

6A Erstellt eine repräsentative Übersicht (beispielsweise ein Merkblatt, Poster oder Ähnliches) zum Thema „Zentrische Streckung". Einen Bezug zu Pantographen könnt Ihr einbringen, müsst es aber nicht.

Geht auch auf die folgenden Punkte ein:

a Überlegt Euch eine sinnvolle Fortsetzung der Definition der zentrischen Streckung für *beliebige reelle* Streckfaktoren, d. h. auch $k \leq 0$ sollte eingeschlossen sein.

b Wie kann man herausfinden, ob von zwei gegebenen Figuren eine aus der anderen durch eine zentrische Streckung hervorgegangen ist oder nicht? Wenn es sich um eine zentrische Streckung handelt: Wie kann man Streckzentrum und -faktor bestimmen?

c Wie ändert sich der Flächeninhalt von einer Ausgangs- zur Bildfigur, wenn mit einem bestimmten Streckfaktor gestreckt wird?

6B **a** Zeigt, dass die oben genannten Eigenschaften **(1)** – **(3)**, S. 97, aus der Definition der zentrischen Streckung folgen.

b Zeigt für einen der Pantographen A/B/C/D, dass dieser tatsächlich eine zentrische Streckung umsetzt.

> **Tipp**
>
> Bezieht die Längen zwischen den Gelenken (Klammern) (gemessen immer von deren Mittelpunkten aus) des Pantographen in Eure Überlegungen mit ein. Wo am Pantographen hattet Ihr in Aufgabe **4** den Streckfaktor k identifiziert?

Dazu müsst Ihr begründen, …

… warum der Befestigungspunkt V_1[5], der Nachfahrpunkt $V_{2,3}$[6] und der Zeichenpunkt V_4[7] stets auf einer Geraden liegen, mit $V_{2,3}$ zwischen V_1 und V_4, und

… dass jederzeit $\overline{V_1V_4} = k \cdot \overline{V_1V_{2,3}}$ gilt (mit $k = 2$ für Pantograph A/B bzw. $k = 2{,}5$ für Pantograph C/D).

Warum reicht das für den Beweis?

6C **a** Mit einem Pantographen kann man nicht nur eine zentrische Streckung durchführen, sondern auch gleichzeitig zentrisch strecken und um das Streckzentrum um 180° drehen (punktspiegeln). Wie funktioniert das? Wie hängt der Streckfaktor bei dieser Abbildung mit dem bei der einfachen zentrischen Streckung zusammen?

5 Siehe Tipp bei Aufgabe **2**: Mittelpunkt des Loches am freien Ende von Stange 1, in Aufgabe **1** festgesteckt bei Z_1 / Z_2.

6 Siehe Tipp bei Aufgabe **2**: Verbindung der Stangen 2 und 3, in Aufgabe **1** der Punkt, mit dem die Vorlage abgefahren wird.

7 Siehe Tipp bei Aufgabe **2**: Mittelpunkt das Loches am freien Ende von Stange 4, in Aufgabe **1** der Punkt, bei dem gezeichnet wird.

Bestimmte Pantographen liefern auf diese Weise ein Bild, das um 180°
gedreht ist, aber seine Größe nicht verändert hat. Welche Abmessungen
muss ein solcher Pantograph haben?

 Kann man mit einem Pantographen auch so zeichnen, dass die Figur
verschoben wird und nicht ihre Größe ändert?

> 🖌 **Tipp**
>
> | Zumindest in mehreren Schritten geht es.

Was könnt Ihr dabei über Streckzentrum und -faktor aussagen?

 Ist es möglich, eine beliebige Figur mit einem – eventuell speziellen –
Pantographen um andere Winkel als ganzzahlige Vielfache von 180° zu
drehen – mit oder ohne gleichzeitige Streckung?

> 🖌 **Tipp**
>
> | Schaut nochmal Eigenschaft **(2)** auf S. 97 an.

Beschreibt, wie das geht oder begründet kurz, warum es nicht funktioniert.

d Kann man mit einem Pantographen auch achsenspiegeln – ausschließlich
oder in Kombination mit einer Streckung? Erläutert gegebenenfalls wie
oder warum nicht.

... und was steckt im Plagiographen?

Zentral in dieser Lernumgebung[1] ist das Zeichengerät Plagiograph. Ein **Plagio-graph**[2] (siehe Abb. 13.1) realisiert eine **Drehstreckung**. Genau wie mit einem Pantographen (siehe die Lernumgebung 12 Was steckt im Pantographen?) kann also eine **Ähnlichkeitsabbildung** technisch umgesetzt werden – zur zentrischen Streckung dort kommt beim Plagiographen aber noch eine Drehung um das Streck-zentrum hinzu (Definition S. 116).

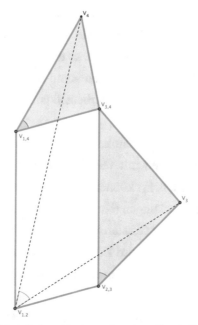

Abb. 13.1 Modell eines Plagiographen (erstellt mit © GeoGebra)

---

1   Die Lernumgebung ... und was steckt im Plagiographen? stimmt in weiten Teilen überein mit einem gleich betitelten Abschnitt in [22, S. 109ff].

2   Laut [8, S. 19] erfunden vom britischen Mathematiker James Joseph Sylvester

Analog zu Pantographen (siehe die Einführung S. 87ff) kann man auch Plagiographen dualistisch als Einheit eines statischen Ähnlichkeitskonzeptes und einer dynamischen Abbildung auffassen. In die Konstruktion hineingesteckt wurden dann etwa Dreiecks-Ähnlichkeitssätze, und diese sind auch zur Funktionsanalyse hilfreich. Bei der Nutzung transformiert ein Plagiograph Figuren durch eine Drehstreckung – diese Ähnlichkeitsabbildung steckt genauso im Plagiographen.

Diesem Gedanken folgt die Lernumgebung ... und was steckt im Plagiographen?, und in diesem Sinne ist auch der Titel analog zu dem des Kapitels 12 Was steckt im Pantographen? gemeint.

Eine weitere Entsprechung zwischen den Inhalten dieser beiden Abschnitte: So wie die Drehstreckung eine **Verallgemeinerung** der zentrischen Streckung ist, kann man auch Plagiographen als Verallgemeinerung von Pantographen betrachten. Die umgekehrte **Spezialisierung** vom Plagiographen zum Pantographen taucht in Aufgabe **6Ca** des vorliegenden Kapitels auf.

Zunächst aber bauen die Schülerinnen und Schüler eine von vier Plagiographen-Versionen aus abgedruckten Bausets (S. 110ff) sowie Musterbeutelklammern. Für aussagekräftige Ergebnisse beim Zeichnen mit dem Plagiographen (Aufgabe) sind möglichst unverzerrte Kopien der Bauteile und des Zeichenbogens (S. 114, in Originalgröße auf DIN A4-Papier kopieren, so dass die unteren Ränder aufeinander liegen und das Dreieck nahe am rechten Rand der Kopie ist) wichtig, ebenso passgenau gestanzte Löcher für die Musterbeutelklammern (keinen Locher, sondern Stanzwerkzeug verwenden!).

In Aufgabe **2** sollen Gemeinsamkeiten und Unterschiede zwischen Ur- und Abbildern sowie zwischen den mit verschiedenen Plagiographen entstandenen Zeichnungen benannt werden. So können die Schülerinnen und Schüler selbstständig Merkmale von Drehstreckungen (Kasten S. 119) identifizieren und werden zur Definition des Begriffs geführt (Kasten S. 116).

Anschließend (Aufgabe **4**) wird Zusammenhang von Definition und Mechanismus herausgestellt: Welche Größen am Plagiograph entsprechen den für eine Drehstreckung relevanten?

Schon zuvor (Aufgabe **3**) wird danach gefragt, wie man mit einem Plagiographen verkleinert anstatt zu vergrößern, und um welchen Winkel bei einer derartigen Nutzung gedreht wird. Die Auswirkung auf den Streckfaktor soll für Aufgabe **5** genannt werden. Dort ist auch eine Recherche nach Anwendungen von Plagiographen angeregt.

Zum Schluss folgen drei Aufgaben zur Auswahl. Eine Option (Aufgabe **6A**) ist es, zu zeigen, dass die im Kasten S. 119 genannten Eigenschaften einer Drehstreckung aus deren Definition folgen. Oder es wird für eine der Plagiographen-Versionen (leicht angeleitet) begründet, warum sie eine Drehstreckung umsetzt. Die dort zur Strukturierung angegebenen Aussagen ... und ... entsprechen im Übrigen den auf der nächsten Seite genannten und für Plagiographen begründeten Eigenschaften (1) und (2). Für Aufgabe **6C** soll auf die Möglichkeiten und Grenzen des Zeichnens mit einem Plagiographen geschaut werden.

Drehstrecken mit einem Plagiographen Befestigt man das in Abb. 13.1 als $V_{1,2}$ bezeichnete Gelenk an einem Fixpunkt Z und fährt mit V_3 eine Vorlage ab – wobei man allerdings darauf achten muss, dass sich die Stangen des Gelenkparallelogramms $V_{1,2}V_{2,3}V_{3,4}V_{1,4}$ nicht überkreuzen –, so zeichnet V_4 diese Figur nach, und zwar

(1) gestreckt an Z um den konstanten(!) Faktor $\frac{\overline{V_{1,2}V_4}}{\overline{V_{1,2}V_3}}$ und

(2) gedreht um Z um den konstanten(!) Winkel $\angle V_3 V_{1,2} V_4$.

Diese beiden Merkmale machen gerade eine Drehstreckung aus.

Welche baulichen Eigenschaften weist ein Plagiograph auf, um (1) und (2) zu erfüllen? Bei einem Plagiographen, siehe Abb. 13.1, Bezeichnungen wie dort, sind die beiden Dreiecke $V_{2,3}V_3V_{3,4}$ und $V_{1,4}V_{3,4}V_4$ gleichsinnig ähnlich zueinander.

Außerdem hat die Stange $V_{1,2}V_{1,4}$ die gleiche Länge wie die ihr im **Gelenkviereck** $V_{1,2}V_{2,3}V_{3,4}V_{1,4}$ gegenüberliegende Dreiecksseite $V_{2,3}V_{3,4}$, und die Stange $V_{1,2}V_{2,3}$ hat die gleiche Länge wie $V_{1,4}V_{3,4}$ ihr gegenüber. Daher ist $V_{1,2}V_{2,3}V_{3,4}V_{1,4}$ ein **Gelenkparallelogramm**.

Letzteres muss als solches auch stets erhalten bleiben, d. h. seine Stangen dürfen sich nicht überkreuzen[3] Ansonsten funktionieren untenstehende Argumentation, insbesondere aber auch das Ähnlichkeitsabbilden mit dem Plagiographen nicht mehr. Eine solche unzulässige Lage ist in Abb. 13.2 dargestellt.

Wir zeigen entsprechend den beiden obigen Eigenschaften: Unter den genannten Voraussetzungen ist ...

(1) ... der vom Plagiographen umgesetzte Streckfaktor $\frac{\overline{V_{1,2}V_4}}{\overline{V_{1,2}V_3}}$ gleich dem Seitenverhältnis $\frac{\overline{V_{2,3}V_{3,4}}}{\overline{V_{2,3}V_3}} = \frac{\overline{V_{1,4}V_4}}{\overline{V_{1,4}V_{3,4}}} =: k$ und

---

3 Mit einem Paar überkreuzter Stangen wird das Gelenkparallelogramm zum *Gelenk-Antiparallelogramm*.

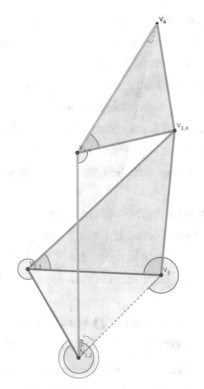

Abb. 13.2 Plagiograph mit überkreuzten Stangen (erstellt mit © GeoGebra)

(2) ... der Drehwinkel $\angle V_3 V_{1,2} V_4$ gleich dem von den Seiten $\overline{V_{2,3}V_{3,4}}$ und $\overline{V_{2,3}V_3}$ bzw.
$\overline{V_{1,4}V_4}$ und $\overline{V_{1,4}V_{3,4}}$ jeweils eingeschlossenen Winkel $\angle V_3 V_{2,3} V_{3,4} = \angle V_{3,4} V_{1,4} V_4 =:$
φ der Dreiecke $V_{2,3}V_3V_{3,4}$ und $V_{1,4}V_{3,4}V_4$.

Wir betrachten drei Lagen des Plagiographen, unterschieden nach dem Innenwinkel
des Gelenkparallelogrammes bei $V_{1,2}$, und nehmen dabei an, dass sich dessen Seiten
nicht überkreuzen.

Zunächst sei der Innenwinkel des Gelenkparallelogrammes bei $V_{1,2}$ genauso
groß wie die Dreieckswinkel $\angle V_3 V_{2,3} V_{3,4} = \angle V_{3,4} V_{1,4} V_4$, also $\angle V_{2,3} V_{1,2} V_{1,4} = \varphi$, siehe
Abb. 13.3.

Dann ergänzt sich das Parallelogramm mit den beiden Dreiecken $V_{2,3}V_3V_{3,4}$ und
$V_{1,4}V_{3,4}V_4$ zum Dreieck $V_{1,2}V_3V_4$ (Winkelgrößen im Parallelogramm, Ergänzung
von Innenwinkeln bei $V_{2,3}$, $V_{3,4}$ und $V_{1,4}$ jeweils zu 180°), das dann ebenfalls ähnlich
zu diesen ist (Ähnlichkeitssatz „Winkel Winkel Winkel").

Daher gilt für das Seitenverhältnis $\frac{\overline{V_{1,2}V_4}}{\overline{V_{1,2}V_3}} = k$, Eigenschaft (1) auf S. 103. Insbesondere ist auch der Drehwinkel $\angle V_3 V_{1,2} V_4$ gleich φ, Eigenschaft (2).

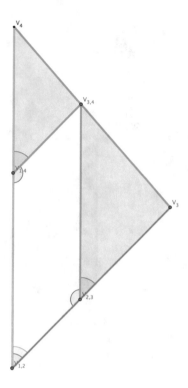

Abb. 13.3 Plagiograph mit $\angle V_{2,3}V_{1,2}V_{1,4} = \varphi$ (erstellt mit © GeoGebra)

Nun sei $\angle V_{2,3}V_{1,2}V_{1,4}$ größer als φ, siehe Abb. 13.4. Die beiden zu $\angle V_{2,3}V_{1,2}V_{1,4}$ benachbarten Innenwinkel im Parallelogramm, jeweils $\angle V_{3,4}V_{2,3}V_{1,2} = \angle V_{1,2}V_{1,4}V_{3,4} = 180° - \angle V_{2,3}V_{1,2}V_{1,4}$ groß, ergeben bei $V_{2,3}$ bzw. $V_{1,4}$ zusammen mit φ also weniger als $180°$. So entstehen zwei Dreiecke $V_{1,2}V_{2,3}V_3$ und $V_{1,2}V_4V_{1,4}$.

Diese stimmen also im Winkel $\angle V_3V_{2,3}V_{1,2} = \angle V_1V_4V_{1,4}$ überein (braun plus dunkelgrün), außerdem aber auch im Verhältnis der diesen einschließenden Seiten:

$$\frac{\overline{V_{1,4}V_4}}{\overline{V_{1,2}V_{1,4}}} = \frac{\overline{V_{1,4}V_4}}{\overline{V_{1,4}V_{3,4}}} \cdot \frac{\overline{V_{1,4}V_{3,4}}}{\overline{V_{1,2}V_{1,4}}} \overset{(*)}{=} \frac{\overline{V_{2,3}V_{3,4}}}{\overline{V_{2,3}V_3}} \cdot \frac{\overline{V_{1,2}V_{2,3}}}{\overline{V_{2,3}V_{3,4}}} = \frac{\overline{V_{1,2}V_{2,3}}}{\overline{V_{2,3}V_3}}.$$

Dabei gilt $(*)$ wegen der vorausgesetzten Ähnlichkeit der Dreiecke $V_{2,3}V_3V_{3,4}$ und $V_{1,4}V_{3,4}V_4$ sowie der gleichen Länge jeweils gegenüberliegender Parallelogrammseiten.

Folglich sind auch die Dreiecke $V_1V_{1,2}V_3$ und $V_1V_4V_{1,4}$ zueinander ähnlich (Ähnlichkeitssatz „Seitenverhältnis Winkel Seitenverhältnis"), mit $\angle V_{2,3}V_{1,2}V_3 = \angle V_{3,4}V_4V_{1,2}$ und $\angle V_{1,2}V_3V_{2,3} = \angle V_4V_{1,2}V_{3,4}$.

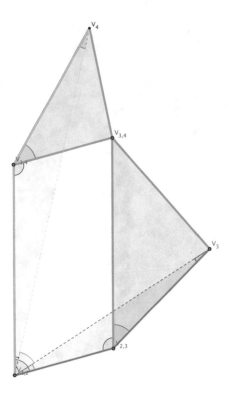

Abb. 13.4   Plagiograph mit $\angle V_{2,3}V_{1,2}V_{1,4} > \varphi$ (erstellt mit © GeoGebra)

Die beiden Strecken im gesuchten Längenverhältnis (1) sind nun die dritten Seiten in diesen ähnlichen Dreiecken. Es ergibt sich:

$$\frac{\overline{V_{1,2}V_4}}{\overline{V_{1,2}V_3}} \overset{(*)}{=} \frac{\overline{V_{1,4}V_4}}{\overline{V_{1,2}V_{2,3}}} \overset{(**)}{=} \frac{\overline{V_{1,4}V_4}}{\overline{V_{1,4}V_{3,4}}} = k.$$

Hier gilt $(*)$ eben wegen besagter Ähnlichkeit und $(**)$ wegen gleich langer Parallelogrammseiten.

Für den Drehwinkel $\angle V_3V_{1,2}V_4$ erhalten wir:

$$\angle V_3V_{1,2}V_4 \overset{(*)}{=} \angle V_{2,3}V_{1,2}V_{1,4} - \angle V_{2,3}V_{1,2}V_3 - \angle V_4V_{1,2}V_{1,4}$$
$$\overset{(**)}{=} (180° - \angle V_{3,4}V_{2,3}V_{1,2}) - \angle V_{2,3}V_{1,2}V_3 - \angle V_{1,2}V_3V_{2,3}$$
$$\overset{(***)}{=} 180° - (180° - \varphi) = \varphi.$$

Dabei wertet $(*)$ die Winkel bei $V_{1,2}$ aus, $(**)$ nutzt Innenwinkelgrößen im Parallelogramm und die Ähnlichkeit der Dreiecke $V_1V_{1,2}V_3$ und $V_1V_4V_{1,4}$ sowie $(***)$

die Innenwinkelsumme im Dreieck $V_1V_{1,2}V_3$. Insbesondere ist $\angle V_3V_{1,2}V_4$ konstant und hat den in (2) behaupteten Wert.

Schließlich nehmen wir $\angle V_{2,3}V_{1,2}V_{1,4}$ kleiner als φ an, siehe Abb. 13.5. Einer seiner beiden Nachbar-Innenwinkel im Gelenkparallelogramm ergibt zusammen mit φ folglich jeweils mehr als $180°$.

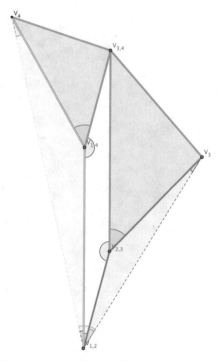

Abb. 13.5 Plagiograph mit $\angle V_{2,3}V_{1,2}V_{1,4} < \varphi$ (erstellt mit © GeoGebra)

Der Winkel $\angle V_{1,2}V_{2,3}V_3$ bzw. $\angle V_4V_{1,4}V_{1,2}$, der diese bei $V_{2,3}$ bzw. $V_{1,4}$ jeweils zu $360°$ ergänzt, ist Innenwinkel im Dreieck $V_{1,2}V_3V_{2,3}$ bzw. $V_{1,2}V_{1,4}V_4$ (beide Dreiecke und ihre Innenwinkel sind jetzt anders orientiert als im vorhergehenden Fall $\angle V_{2,3}V_{1,2}V_{1,4} > \varphi$). Mit der analogen Argumentation zu oben sieht man auch hier, dass diese beiden Dreiecke ähnlich zueinander sind.

Genau wie oben gilt auch $\frac{\overline{V_{1,2}V_4}}{\overline{V_{1,2}V_3}} = k$, also (1).

Der Drehwinkel ist diesmal

$$\angle V_3V_{1,2}V_4 \overset{(*)}{=} \angle V_{2,3}V_{1,2}V_{1,4} + \angle V_3V_{1,2}V_{2,3} + \angle V_{1,4}V_{1,2}V_4$$

$$\overset{(**)}{=} (180° - \angle V_{3,4}V_{2,3}V_{1,2}) + \angle V_3V_{1,2}V_{2,3} + \angle V_{2,3}V_3V_{1,2}$$

$$\overset{(***)}{=} (180° - \angle V_{3,4}V_{2,3}V_{1,2}) + 180° - (360° - \angle V_{3,4}V_{2,3}V_{1,2} - \varphi) = \varphi,$$

erneut wie in (2) angegeben. Wieder werden für $(*)$ die Winkel bei $V_{1,2}$ betrachtet, für $(**)$ Innenwinkelgrößen im Parallelogramm und die Ähnlichkeit der Dreiecke $V_{1,2}V_3V_{2,3}$ und $V_{1,2}V_{1,4}V_4$ genutzt und bei $(***)$ die Innenwinkelsumme im Dreieck $V_{1,2}V_3V_{2,3}$.

Somit streckt und dreht ein Plagiograph entsprechend der Aussagen (1) und (2) auf S. 103.

... und was steckt im Plagiographen?

Vielleicht habt Ihr schon Pantographen kennengelernt. Genauso ist auch der **Plagiograph** ein Zeichengerät: griechisch ein „Schiefschreiber".[4] Hier baut Ihr Euch einen Plagiographen und untersucht, wie beim Zeichnen ein gegebenes Bild verändert wird.

Schneide eines der vier Plagiographen-Bausets A/B/C/D, S. 110ff, aus Pappe aus. Stanze oder bohre Löcher bei den kleinen Kreisen – für Musterbeutelklammern bzw. jeweils eines bei A4/B4/C4/D4 für eine Stiftspitze.

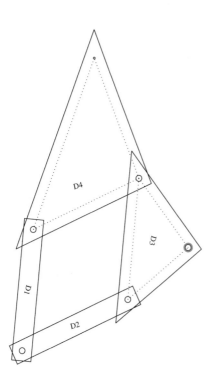

> ✏ **Tipp**
>
> Löcher möglichst nicht größer als für Klammern/Stiftspitze nötig! Sonst wird das Zeichnen ungenau.

Setze den Plagiographen entsprechend der Beispielabbildung links mit vier Musterbeutelklammern zusammen. Achte darauf, dass das freie Ende von A3/B3/C3/D3 bzw. A4/B4/C4/D4 das mit einem grauen Ring markierte bzw. das mit dem kleineren Loch für die Stiftspitze ist.

Die Teile sollten sich flüssig gegeneinander drehen lassen, ohne dass die Stangen an den Klammern viel verrutschen (sonst sind eventuell die Löcher zu groß oder die Klammern nicht genug aufgebogen).

Um die besonderen Eigenschaften des Plagiographen beim Zeichnen erkennen zu können, benötigst Du jetzt noch eine Vorlage. Bohre oder stanze auf dem Zeichenbogen, S. 114, ein möglichst feines Loch für eine Musterbeutelklammer bei Z. Befestige die Klammer, die die Stangen 1 und 2 zusammenhält, bei Z und stecke einen Stift in das dafür vorgesehene kleine Loch an der freien Ecke von A4/B4/C4/D4.

---

4   Erfunden hat ihn nach [8, S. 19] der britische Mathematiker James Joseph Sylvester.

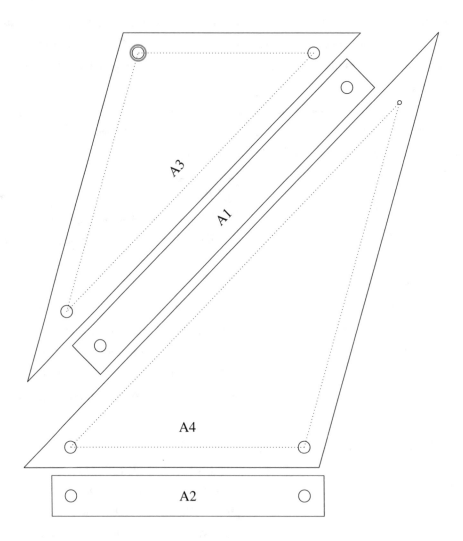

A3

A1

A4

A2

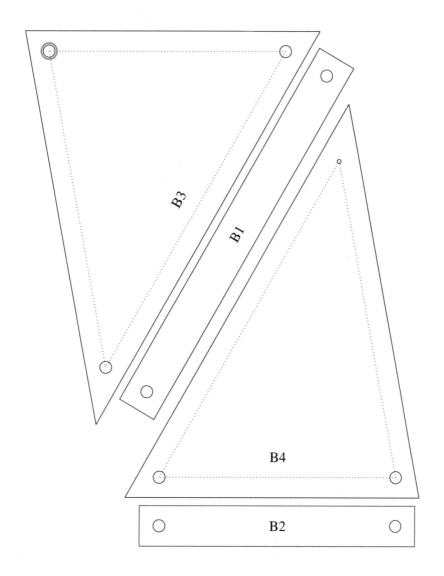

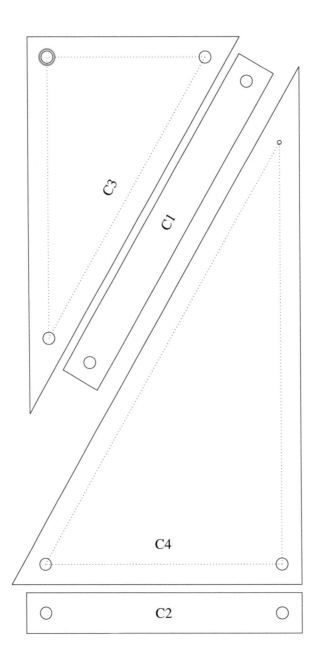

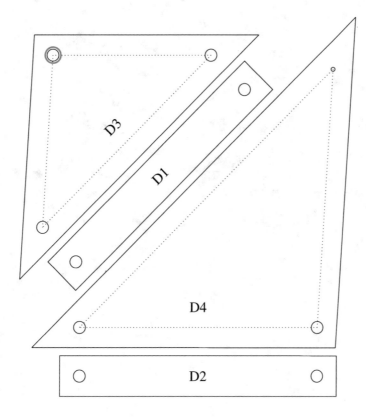

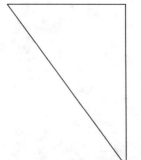

z
○

1 Zeichne mit dem Plagiographen wie folgt:

 Bewege den Stift so, dass der Mittelpunkt des Loches an der freien Ecke von A3/B3/C3/D3 den Kreisrand möglichst genau abfährt.

> ✏️ **Tipp**
>
> Versuche es erst ein paar Male ohne Stift und beobachte zunächst, wie sich der Plagiograph dabei bewegt.

Was bekommst Du?

b Überlege nun, welches Ergebnis Du erhälst, wenn Du das Gleiche für das Dreieck machst.

Wiederhole dann das Zeichnen für das Dreieck.

2 **a** Vergleicht in einer Zweier- bis Vierer-Gruppe mit verschiedenen Plagiographen Eure Ergebnisse.

> ✏️ **Tipp**
>
> Eventuell hilft es Euch, bestimmte Punkte am Plagiographen zu benennen, etwa:
>
> – Mittelpunkt der Klammer, die Stange 1 & 2 verbindet: $V_{1,2}$;
>
> – Mittelpunkt des Loches an der freien Ecke von Teil 3: V_3;
>
> – Mittelpunkt des kleinen Loches an der freien Ecke von Teil 4: V_4;
>
> – ... .

– Was haben Ausgangs- und Bildfigur gemeinsam?

– Worin unterscheiden sie sich?

– Wie beeinflusst der genutzte Plagiograph das Resultat? Welche Größen spielen dabei eine Rolle, welche nicht?

– Welche Schwierigkeiten sind aufgetreten?

b Erstellt selbst eine weitere einfache Vorlagenzeichnung, die Ihr dann mit den verschiedenen Plagiographen übertragt.

Was müsst Ihr dabei alles beachten?

3   Die in Aufgabe **1** erhaltenen Bildfiguren waren jeweils größer als die Ausgangsfigur. Wie verkleinert man mit einem Plagiographen? Und um welchen Winkel wird dabei gedreht?

Ein Plagiograph setzt eine bestimmte **Ähnlichkeitsabbildung** um: eine Drehstreckung. Ähnlichkeitsabbildungen haben ihren Namen daher, dass Ausgangs- und Bildfigur bei ihnen ähnlich[5] zueinander sind.[6]

Definition

Die **Drehstreckung** $DS_{Z;k;\varphi}$ mit **Zentrum** Z, **Streckfaktor** $k \in \mathbb{R}$ und **Drehwinkel** φ ist die Hintereinanderausführung einer zentrischen Streckung an Z mit dem Streckfaktor k und einer Drehung um Z um den Winkel φ.[7] [8]

$k = 2.5$
$\varphi = 75°$

(erstellt mit © GeoGebra)

---

5   Zwei Figuren sind zueinander **ähnlich**, wenn einander entsprechende Winkel und Streckenlängenverhältnisse gleich groß sind.
6   Vielleicht habt Ihr schon einen *Pantographen* kennengelernt. Auch er realisiert eine Ähnlichkeitsabbildung: eine zentrische Streckung.
7   Vgl. etwa [10, S. 188]
8   Möglicherweise fragt Ihr Euch hier, ob die Abbildung die gleiche ist, wenn man erst streckt und dann dreht (wie in der Abbildung oben) oder umgekehrt. Was meint Ihr? Könnt Ihr Eure Ansicht begründen?

Zur Erinnerung sind die beiden folgenden Definitionen einer zentrischen Streckung beziehungsweise einer Drehung angegeben.

Definition

Die **zentrische Streckung** $S_{Z;k}$ mit **Streckzentrum** Z und **Streckfaktor** $k \in \mathbb{R}$ bildet einen Punkt P ab auf den Punkt P' auf der Gerade ZP mit $\overline{ZP'} = |k| \cdot \overline{ZP}$ sowie P und P' auf derselben Seite von Z liegend für $k > 0$, auf verschiedenen Seiten von Z für $k < 0$.[9]

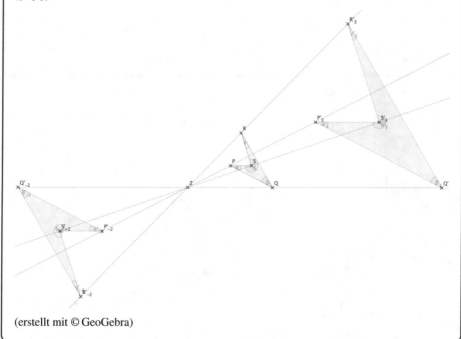

(erstellt mit © GeoGebra)

Definition

Die **Drehung** $D_{Z;\varphi}$ mit **Drehzentrum** Z und **Drehwinkel** φ bildet einen Punkt P' ab auf den Punkt P'' mit $\angle P'ZP'' = \varphi$ und $\overline{ZP''} = \overline{ZP'}$.[10]

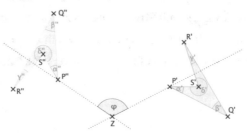

(erstellt mit © GeoGebra)

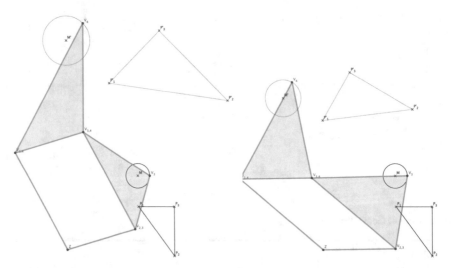

Abb. 13.6 Modelle der Plagiographen A, B mit Zeichenergebnissen (erstellt mit © GeoGebra)

4 Was ist bei den obigen Plagiograph-Zeichenbeispielen (Aufgabe **1**) jeweils das Zentrum? Welche Punkte am Plagiographen entsprechen den Punkten P bzw. P'' aus der Definition einer zentrischen Streckung bzw. einer Drehung? Welchen Wert hat der Streckfaktor k für A/B/C/D, welchen der Drehwinkel φ? Wo überall am Plagiographen findet Ihr k als Verhältnis von Streckenlängen wieder? Und wo taucht dort der Winkel φ auf?

10   Diese Definition ist auch in der Lernumgebung 3 Bewegungen, S. 16, zu finden.

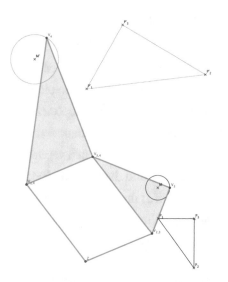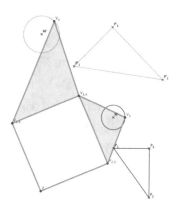

Abb. 13.7 Modelle der Plagiographen C, D mit Zeichenergebnissen (erstellt mit © GeoGebra)

✏️ **Tipp**

Auch hier kann eine Bezeichnung der Punkte helfen, wie sie bei Aufgabe **2** vorgeschlagen und in Abb. 13.6 und 13.7 verwendet ist.

Von den folgenden Merkmalen habt Ihr vielleicht schon einige bei Aufgabe **2a** aufgeschrieben.

Weitere Eigenschaften der Drehstreckung $DS_{Z;k;\varphi}$:

(1) Entsprechende **Winkel** in Ausgangs- und Bildfigur sind **gleich groß**. Für die beiden Beispiel-Vierecke zur Definition S. 116 bedeutet das: $\alpha'' = \alpha$, $\beta'' = \beta$, $\gamma'' = \gamma$, $\delta'' = \delta$.

(2) Die **Strecken** der Bildfigur sind jeweils k-**mal so lang** wie die entsprechenden Strecken der Ausgangsfigur.

Es gilt dort also: $\overline{P''Q''} = 2{,}5 \cdot \overline{PQ}$, $\overline{Q''R''} = 2{,}5 \cdot \overline{QR}$, $\overline{R''S''} = 2{,}5 \cdot \overline{RS}$, $\overline{S''P''} = 2{,}5 \cdot \overline{SP}$.

(3) Jede **Bildstrecke** liegt im **Winkel** φ zu ihrer **Ausgangsstrecke**.

Das heißt bei den Vierecken oben: $\angle(PQ)(P''Q'') = 75°$, $\angle(QR)(Q''R'') = 75°$, $\angle(RS)(R''S'') = 75°$, $\angle(SP)(S''P'') = 75°$.

5 Wie wirkt sich der Unterschied „verkleinern" mit dem Plagiograph (vgl.
Aufgabe **3**) gegenüber „vergrößern" auf den Streckfaktor k aus?

b Im Gegensatz zu Pantographen, deren Zweck gerade früher tatsächlich
die Skalierung von Abbildung war, können Plagiographen wie eine rein
mathematische Spielerei wirken. Zumindest der Nutzen, eine Zeichnung
zusätzlich zum Vergrößern/ Verkleinern auch noch zu drehen, erscheint
zweifelhaft: Da könnte man ja genauso gut einen Pantographen verwenden
und anschließend das ganze Objekt mit dem Abbild darauf (zum Beispiel
ein Blatt Papier oder etwas, in das graviert wird) drehen. Findet Ihr trotzdem frühere oder aktuelle Anwendungen von Plagiographen (aus eigenen
kreativen Ideen oder Recherche etwa im Internet)?

Wähle von den folgenden Aufgaben **6A–6C** eine zur Bearbeitung im Zweier- oder
Dreier-Team aus.

6A Zeigt, dass die oben genannten Eigenschaften **(1)**–**(3)** aus der Definition der
Drehstreckung folgen.

6B Zeigt für einen der Plagiographen A/B/C/D, dass dieser tatsächlich eine Drehstreckung umsetzt.

> **Tipp**
>
> Bezieht die Längen zwischen den Gelenken (Klammern) (gemessen im-
> mer von deren Mittelpunkten aus) des Plagiographen in Eure Überlegun-
> gen mit ein. Wo am Plagiographen hattet Ihr in Aufgabe **4** den Streckfak-
> tor k und wo den Drehwinkel φ identifiziert?

Dazu müsst Ihr begründen, ...

... dass jederzeit $\overline{V_{1,2}V_4} = k \cdot \overline{V_{1,2}V_3}$ gilt, mit $k = 2$ für Plagiograph A/C bzw.
$k = 1{,}5$ für Plagiograph B/D.

Dabei ist (wie in der Randnotiz bei Aufgabe **2** vorgeschlagen, siehe auch
Abb. 13.6 und 13.7) $V_{1,2}$ der Mittelpunkt der Verbindung von Stange 1
und 2 (in Aufgabe **1** befestigt bei Z). V_3 bzw. V_4 ist der Punkt an einem
der Dreiecke, mit dem in Aufgabe **1** die Vorlage abgefahren bzw. bei dem
gezeichnet wird.

... warum der Drehwinkel $\angle V_3 V_{1,2} V_4$ konstante Größe hat, so lange sich die Stangen des Gelenkparallelogramms $V_{1,2} V_{2,3} V_{3,4} V_{1,4}$ nicht überkreuzen. $V_{2,3}/V_{3,4}/V_{1,4}$ ist der Mittelpunkt der Verbindung von Stange 2 und 3/ 3 und 4/ 1 und 4. Und zwar ist $\angle V_3 V_{1,2} V_4 = 45°$ für A/D und $\angle V_3 V_{1,2} V_4 = 60°$ für B/C.

Warum reicht das für den Beweis?

6C **a** Kann man mit einem – vielleicht speziellen – Plagiographen auch so zeichnen, dass die Figur zentrisch gestreckt, aber nicht gedreht wird?

> **Tipp**
>
> Probiert es mal in mehreren Schritten oder mit einem besonderen Aufbau des Plagiographen.

Erklärt gegebenenfalls wie oder weshalb nicht.

b Ist es möglich, eine beliebige Figur mit einem Plagiographen zu drehen, ohne ihre Größe zu ändern?

> **Tipp**
>
> Probiert es mal in mehreren Schritten oder mit einem besonderen Aufbau des Plagiographen.

Beschreibt, wie das geht oder begründet kurz, warum es nicht funktioniert.

c In der obigen Definition einer Drehstreckung sind beliebige Streckfaktoren $k \in \mathbb{R}$ und beliebige Drehwinkel φ zugelassen.

Diskutiert, ob Ihr das sinnvoll findet oder nicht.

Kann man mit Plagiographen – jeweils mit passenden Abmessungen – prinzipiell auch jeden beliebigen Streckfaktor und Drehwinkel umsetzen?

Erläutert Eure Antwort.

KAPITEL 14

Rollkurven II – Mit Uhren und Gelenkparallelogrammen

In dieser Lernumgebung wird eine Konstruktion untersucht, für die die Zeiger einer (abgewandelten) Uhr zu einem Gelenkparallelogramm ergänzt werden. Als Ortslinie eines betrachteten Punktes ergibt sich eine Rollkurve.

Mit dem Kapitel kann man an die Lernumgebungen 6 Rollkurven I – Die Zahn-Zahlen eines Spirographen oder 10 Angewandte Gelenkparallelogramme anknüpfen. Vorausgesetzt werden deren Inhalte aber nicht.

Wir gehen aus von der in Abb. 14.1 gezeigten Abwandlung einer analogen Uhr, die bei den Aufgaben genauer beschrieben ist (S. 134f).

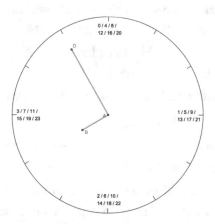

Abb. 14.1   Modell der abgewandelten Uhr (erstellt mit © GeoGebra)

Der Minutenzeiger AB habe die Länge a, der Stundenzeiger AD die Länge la mit $l \in \mathbb{Q}_{>1}$ (in Abb. 14.1 ist $l = 2{,}5$). Der Stundenzeiger brauche n Stunden (zu jeweils 60 Minuten), um das Zifferblatt einmal zu umrunden, der Minutenzeiger wie bei einer gewöhnlichen Uhr eine Stunde. Beide Zeiger laufen im Uhrzeigersinn.

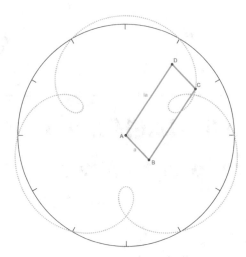

Abb. 14.2 Modell der zum Gelenkparallelogramm ergänzten abgewandelten Uhr (erstellt mit © GeoGebra)

Wir befestigen jeweils mit einem Gelenk am freien Ende des Minuten- bzw. des Stundenzeigers eine weitere Stange der Länge la bzw. a. Deren freie Enden verbinden wir wiederum mit einem Gelenk C. So erhalten wir ein Gelenkparallelogramm $ABCD$, das sich mit der Bewegung der Zeiger ändert. Dabei bleibt der Punkt A fest. B und D beschreiben Kreise um A mit Radius a bzw. la. Die Ortslinie von C ist in Abb. 14.2 eingezeichnet. Sie sollen die Schülerinnen und Schüler in Aufgabe **1** zeichnen und kommentieren. Tatsächlich handelt es sich dabei um eine Rollkurve, die beim Rollen eines Kreises an einem anderen entsteht.

Das sollen die Lernenden in Aufgabe **2A/2B/2C** zeigen. Die drei Versionen sind unterschiedlich stark angeleitet und daher verschieden schwierig.

Um die Aussage zeigen, suchen wir nun einen fixen Kreis k_1 und einen Kreis k_2, der an k_1 rollt, so dass man C als an k_2 befestigt auffassen kann und dann die gleiche Ortslinie erhält wie wenn C im Gelenkparallelogramm $ABCD$ betrachtet wird.

Dazu finden wir, wie nachfolgend erläutert, zwei Lösungen, die auf S. 127 mit (I) und (II) bezeichnet werden. Sie sind in Abb. 14.3 oben bzw. unten dargestellt.

Rollt ein Kreis k_2 an einem Kreis k_1, so beschreibt der Mittelpunkt des ersten einen Kreis um den Mittelpunkt von letzterem. Bei unserem Gelenkparallelogramm $ABCD$ beschreiben genau alle mit den Stangen AD (Stundenzeiger) bzw. AB (Minutenzeiger) fest verbundenen Punkte Kreise um A. A sollte also der Mittelpunkt des Kreises k_1 und ein mit AD oder AB fest verbundener Punkt Mittelpunkt des Kreises k_2 sein.

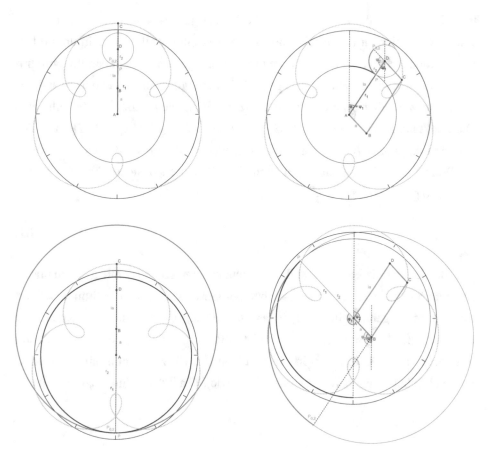

Abb. 14.3 Modelle zu den nachfolgend erläuterten Lösungen (I) (oben) und (II) (unten), vgl. S. 127 (erstellt mit © GeoGebra)

Die mit dem Kreis k_2 fest verbundenen Punkte wiederum beschreiben beim Rollen von k_2 Kreise um dessen Mittelpunkt (was in Bezug zur fixen Ebene, in der das Parallelogramm sich bewegt, aber keine Kreise sind). Nun ist Cs Bewegung sowohl relativ zu D als auch zu B kreisförmig, nicht aber relativ zu den anderen Punkten von AD und AB. Als Mittelpunkt von k_2 kommen also genau D (vgl. Abb. 14.3 oben) und B (vgl. Abb. 14.3 unten) in Frage.

Der Berührpunkt P von k_1 und k_2 liegt auf der Gerade durch die Kreismittelpunkte, d. h. auf der Gerade AD bzw. AB. Der Berührpunkt bewegt sich aber auf dem Umfang von k_1 bzw. k_2.

Bei Rollbewegungen sind die beiden Wege, über die jeweils beim rollenden bzw. beim festen Objekt abgerollt wird, gleich lang.[1] Beides sind im hier betrach-

---

1   Darum geht es in Aufgabe **3** von Rollkurven I – Die Zahn-Zahlen eines Spirographen.

teten Fall Kreise, die abgerollte Strecke ist also jeweils ein Stück Kreisumfang. Wir nehmen hier für den Beginn der Rollbewegung jeweils den Zeitpunkt 0 Uhr auf der modifizierten Uhr, d. h. wenn die vier Stangen des Gelenkparallelogramms *ABCD* alle senkrecht nach oben zeigen (die Zeigerlage zu einem beliebigen anderen Zeitpunkt wäre aber genauso als Referenz möglich), siehe Abb. 14.3 jeweils links. Der Punkt am Kreis k_2, der den Kreis k_1 berührt, sei $P_{0,2}$. Es liegen C, $P_{0,2}$ und den Mittelpunkt D bzw. B von k_2 auf einer Gerade. Wird nun von da aus am Kreis k_1 der Winkel φ_1 und am Kreis k_2 der Winkel φ_2 überstrichen, siehe Abb. 14.3 jeweils rechts, so gilt $\frac{\varphi_1}{360°} \cdot 2\pi r_1 = \frac{\varphi_2}{360°} \cdot 2\pi r_2$, also

$$\varphi_1 \cdot r_1 = \varphi_2 \cdot r_2. \tag{14.1}$$

Bei der modifizierten Uhr soll der Minutenzeiger *AB* und damit auch die Stange *DC* parallel zu diesem mit dem *n*-fachen der Geschwindigkeit des Stundenzeigers rotieren (in Aufgabe **1** gilt $n = 4$, da der Stundenzeiger vier Stunden für eine Runde über das Zifferblatt brauchen soll, der Minutenzeiger eine Stunde). Das bedeutet, dass die Stange *DC* bzw. *AB* in gleicher Zeit (im Uhrzeigersinn) einen *n*-mal so großen Winkel ψ_2 überstreicht wie *AD* bzw. wie *BC* mit dem Winkel ψ_1. Es gilt also

$$\psi_2 = n\psi_1. \tag{14.2}$$

Der Winkel ψ_1 bzw. ψ_2 entspricht aber gerade dem, um den der Berührpunkt P von k_1 und k_2 im gleichen Zeitabschnitt auf k_1 im Uhrzeigersinn weiterwandert. Das ergibt sich daraus, dass P auf der Gerade *AD* (entspricht vorrücken von P um Winkel $\varphi_1 = \psi_1$; Abb. 14.3 oben) bzw. *AB* (um $\varphi_1 = \psi_2$; Abb. 14.3 unten) liegt. Es gilt also:

$$\varphi_1 = \begin{cases} \psi_1, & \text{wenn } D \text{ der Mittelpunkt von } k_2 \text{ ist (Abb. 14.3 links)} \\ \psi_2, & \text{wenn } B \text{ der Mittelpunkt von } k_2 \text{ ist (Abb. 14.3 rechts).} \end{cases} \tag{14.3}$$

Auf k_2 rückt P im gleichen Zeitabschnitt um den Winkel φ_2 vor, siehe Abb. 14.3 oben bzw. unten. Genauso weit muss sich in diesem Zeitabschnitt aber auch C relativ zum Berührpunkt P gedreht haben, schließlich soll C ja an k_2 fixiert sein, d. h. C, $P_{0,2}$ und D bzw. B liegen immer noch auf einer Gerade.

C ist gleichzeitig um den Winkel ψ_2 bzw. ψ_1 im Uhrzeigersinn um den Mittel-punkt D bzw. B von k_2 rotiert worden. D und P bzw. B und P haben sich in dieser Zeit aber um den Winkel ψ_1 bzw. ψ_2 um A gedreht. Relativ zu P hat C sich damit um den Punkt D bzw. B um den Winkel $\psi_2 - \psi_1$ weitergedreht. Das bedeutet, es gilt, siehe Abb. 14.3:

$$\varphi_2 = \psi_2 - \psi_1. \tag{14.4}$$

Ist D der Mittelpunkt von k_2, so ist wegen Gleichung (14.2) die Rotation Cs um diesen n-mal so schnell wie dessen Drehung um A. Damit wird dann auch der Winkel $\varphi_2 = \angle P_{0,2}DP$ im Uhrzeigersinn von P aus abgetragen. Umgekehrt heißt das, dass P sich auf k_2 *gegen den Uhrzeigersinn* bewegt. Somit rollt k_2 in diesem Fall mit seiner Außenseite außen an k_1, vgl. die Übersicht auf S. 134.

Mit B als Mittelpunkt von k_2 dreht B sich schneller um A als C um B (wieder mit n-facher Geschwindigkeit). Der Winkel $\varphi_2 = \angle PBP_{0,2}$ wird daher von P aus gegen den Uhrzeigersinn abgetragen. P bewegt sich also *im Uhrzeigersinn* auf k_2. Daher gibt es hier zunächst die beiden Möglichkeiten, dass k_2 mit seiner Innenseite außen oder mit seiner Außenseite innen an k_1 rollt, vgl. die Übersicht auf S. 134.

Die Gleichungen (14.1), (14.2) (14.3) und (14.4) ergeben zusammen:

$$r_1 = \frac{\varphi_2}{\varphi_1} r_2 = \begin{cases} \frac{(n-1)\psi_1}{\psi_1} r_2 = (n-1)r_2, & \text{wenn } D \text{ der Mittelpunkt von } k_2 \text{ ist,} \\ \frac{(n-1)\psi_1}{n\psi_1} r_2 = \frac{n-1}{n} r_2, & \text{wenn } B \text{ der Mittelpunkt von } k_2 \text{ ist.} \end{cases} \tag{14.5}$$

Sofern $n > 1$ gilt (d. h. der Stundenzeiger braucht zur Umrundung des Zifferblattes mehr als eine Stunde, d. h. er ist langsamer als der Minutenzeiger), so ist $r_1 > r_2$, wenn D der Mittelpunkt von k_2 ist, und $r_1 < r_2$, wenn B es ist.

Daher kann ausgeschlossen werden, dass k_2 mit seiner Außenseite innen an k_1 rollt, wie es auf S. 127 als eine Option genannt wurde, wenn B Mittelpunkt von k_2 ist. Dann müsste nämlich $r_1 > r_2$ gelten, siehe die Tabelle auf S. 134.

Somit bleiben zwei Möglichkeiten, wie die Ortslinie von C als Rollkurve erzeugt werden kann: indem k_2 mit Mittelpunkt D mit seiner Außenseite außen an k_1 rollt oder indem k_2 mit Mittelpunkt B mit seiner Innenseite außen an k_1 rollt. Sie sind in Abb. 14.3 oben bzw. unten sowie in Abb. 14.4 links bzw. rechts dargestellt.

Nun ermitteln wir noch die jeweiligen Radien der Kreise k_1 und k_2. Dazu unterscheiden wir, ob D oder B Mittelpunkt von k_2 ist.

(I) Sei D der Mittelpunkt von k_2 (Abb. 14.4 links). Oben haben wir für diesen Fall schon $r_1 = (n-1)r_2$ gefunden. Da D von A den Abstand la hat, gilt außerdem $r_1 + r_2 = la$. Zusammen ergibt sich $nr_2 = la$, d. h. $r_2 = \frac{1}{n}la$ sowie $r_1 = \frac{(n-1)}{n}la$.

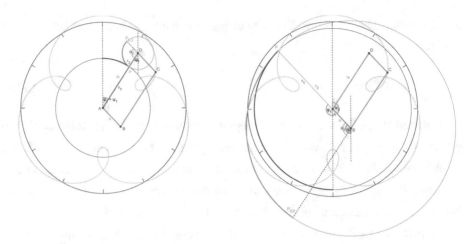

Abb. 14.4   Modelle zu (I) (links) und (II) (rechts) (erstellt mit © GeoGebra)

(II) Sei B der Mittelpunkt von k_2 (Abb. 14.4 rechts). Dann gilt $r_1 = \frac{n-1}{n}r_2$. Mit
a als Abstand Bs von A gilt hier $r_2 - r_1 = a$. Daher ist $r_2 - \frac{n-1}{n}r_2 = a$, d. h.
$r_2 = \frac{a}{1-\frac{n-1}{n}} = na$ sowie $r_1 = \frac{(n-1)n}{n}a = (n-1)a$.

Der Punkt C hat im Fall (I) den Abstand $\overline{DC} = a$ und im Fall (II) den Abstand
$\overline{BC} = la$ vom Mittelpunkt des rollenden Kreises k_2

Umgekehrt stellt sich die Frage: Kann jede Rollkurve auch durch ein Gelenk- parallelogramm erzeugt werden? Solche Gelenkparallelogramme zu ermitteln, ist Inhalt
von Aufgabe **3A/3B/3C**. Aufgabe **3C** ist etwas schwieriger als die beiden anderen,
weil eine Hypotrochoide wie dort nicht in Aufgabe **2A/2B/2C** aufgetaucht ist.

   Sei dazu eine Rollkurve angegeben mittels der Art des Rollens entsprechend
der Tabelle auf S. 134, des Radius' r_1 des fixen Kreises k_1 mit Mittelpunkt M_1,
des Radius' r_2 des rollenden Kreises k_2 mit Mittelpunkt M_2 und des Abstandes
$z =: \overline{M_2Z}$ des Punktes Z, der fest mit k_2 verbunden ist und dessen Rollkurve betrachtet wird.

A Der Kreis k_2 rolle mit seiner Außenseite außen an k_1. Zs Ortslinie ist somit
   eine Epitrochoide.

   Diese Rollbewegung tauchte schon im Fall (I) auf S. 127 auf. Wir benutzen,
   was wir dort gefunden haben.

   Den Punkt A des Gelenkparallelogramms $ABCD$ legen wir auf M_1, C entspricht
   Z. Nun setzen wir entsprechend (I) $\overline{AD} = \overline{BC} = r_1 + r_2$ und $\overline{CD} = \overline{AB} = z$. Je

nachdem, ob der Punkt P sich auf k_1 oder k_2 im Uhrzeigersinn bewegt (auf dem anderen Kreis dann in die entgegengesetzte Richtung, vgl. Tabelle S. 134), drehen sich die Stangen AB und AD wie oben im oder gegen den Uhrzeigersinn.

$n = \frac{r_1}{r_2} + 1$ braucht keine natürliche Zahl zu sein. Dann fällt lediglich die Entsprechung zur analogen Uhr weg, dass der „Stundenzeiger" AD ein ganzzahliges Vielfaches der Zeit benötigt, die der „Minutenzeiger" AB für eine Runde um das Zifferblatt braucht.

Ist $l = \frac{\overline{AD}}{\overline{AB}} < 1$, so ist – wie bei einer „normalen" Uhr – die dem Stundenzeiger entsprechende Stange des Gelenkparallelogramms kürzer als die zum Minutenzeiger.

B Der Kreis k_2 rolle mit seiner Innenseite außen an k_1. Zs Ortslinie ist somit eine Peritrochoide.

Eine solche Kurve haben wir auf S. 127 unter (II) erhalten. Wir nutzen unsere Erkenntnisse von dort. Das Gelenkparallelogramm $ABCD$ legen wir so, dass A auf M_1 fällt, C entspricht Z. Wir setzen $\overline{CD} = \overline{AB} = r_2 - r_1$ und $\overline{AD} = \overline{BC} = z$. Hier bewegt sich P auf k_1 und k_2 in die gleiche Richtung (vgl. Tabelle S. 134), und wie oben rotieren AB und AD beide im oder gegen den Uhrzeigersinn.

Für $n = \frac{r_2}{r_2 - r_1}$ und $l = \frac{\overline{AD}}{\overline{AB}}$ gelten die gleichen Aussagen wie bei A: Ist ersteres keine natürliche Zahl bzw. zweiteres kleiner als 1, so entfällt die Analogie zur bzw. verändern sich Eigenschaften der entsprechenden modifizierten Uhr.

C Der Kreis k_2 rolle mit seiner Außenseite innen an k_1, siehe Abb. 14.5 links. Zs Ortslinie ist somit eine Hypotrochoide.

Auch bei einer solchen Kurve bewegt sich der Berührpunkt P auf k_1 und k_2 in die gleiche Richtung (vgl. die Tabelle auf S. 134), wir nehmen an, im Uhrzeigersinn. Wir legen wieder den Punkt A fest bei M_1.

Um die Bewegungsrichtungen von P auf k_1 und k_2 korrekt auf ein Gelenkparallelogramm zu übertragen, könnte man beide Stangen AD und AB im Uhrzeigersinn rotieren zu lassen und das freie Ende der schneller drehenden (oben jeweils B) auf den Mittelpunkt von k_2 legen. Anhand von Gleichung (14.5) hatten wir allerdings festgestellt, dass in diesem Fall $r_1 < r_2$ gelten müsste und damit ein Rollen von k_2 mit seiner Außenseite innen an k_1 nicht möglich wäre.

Die andere Option ist es, eine Stange im Uhrzeigersinn und langsamer drehen zu lassen und deren freies Ende, wie oben jeweils nehmen wir D, auf den

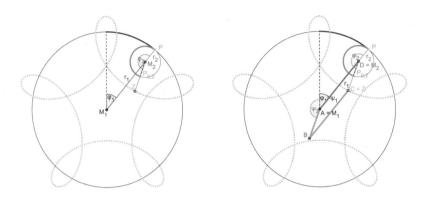

Abb. 14.5 Modelle zu C: Rollkurve Hypotrochoide – erhalten durch das Gelenkparallelogramm $ABCD$ (erstellt mit © GeoGebra)

Mittelpunkt M_2 von k_2 zu legen, die andere, AB wie oben jeweils, schneller und gegen den Uhrzeigersinn. Dann bewegt sich P wie bei einer Hypotrochoide auf k_1 und k_2 jeweils im Uhrzeigersinn.

Der Punkt C entspricht wieder Z. Wir erhalten $\overline{AD} = \overline{BC} = r_1 - r_2$ und $\overline{CD} = \overline{AB} = z$, siehe Abb. 14.5 rechts.

Wären wir auch hier vom Gelenkparallelogramm ausgegangen, so müssten die Orientierungen der überstrichenen Winkel beachtet werden. Mit den Benennungen der Größen wie zuvor hätten wir anstelle von Gleichung (14.1) die Aussage

$$\varphi_1 \cdot r_1 = -\varphi_2 \cdot r_2, \tag{14.6}$$

statt Gleichung (14.2)

$$\psi_2 = -n\psi_1 \tag{14.7}$$

und für (14.3) die Gleichung

$$\varphi_1 = \psi_1 \tag{14.8}$$

(wir haben schon D als Mittelpunkt von k_2 festgelegt) erhalten. Die Aussage (14.4) gilt wie oben:

$$\varphi_2 = \psi_2 - \psi_1. \tag{14.9}$$

Damit ergibt sich analog zu Gleichung (14.5):

$$r_1 = -\frac{\varphi_2}{\varphi_1}r_2 = -\frac{(-n-1)\psi_1}{\psi_1}r_2 = (n+1)r_2. \tag{14.10}$$

Mit Stangenlängen $\overline{AD} = la$ und $\overline{AB} = a$ wäre hier $r_1 - r_2 = la$, also $nr_2 = la$, d. h. $r_2 = \frac{1}{n}la$ und $r_1 = \frac{n+1}{n}la$.

So erhält man wiederum von der Rollkurve ausgehend $n = \frac{r_1}{r_2} - 1$ (in Abb. 14.5 ist wie bei der zuvor betrachteten modifizierten Uhr auch $n = 4$) sowie $l = \frac{\overline{AD}}{\overline{AB}} = \frac{r_1 - r_2}{z}$. Wie bei A und B gilt: Ist ersteres keine natürliche Zahl bzw. zweiteres kleiner als 1, so entfällt die Analogie zur bzw. verändern sich Eigenschaften der entsprechenden modifizierten Uhr.

Die Vorgabe einer abgewandelten anstelle einer normalen Uhr dient im Übrigen einer Komplexitätsreduzierung. In Abb. 14.6 sind drei (Roll-) Kurven dargestellt, bei denen der Stundenzeiger zwölf Stunden für eine Umrundung des Zifferblattes bräuchte. Dazu sind links die Zeigerlängen von vorher beibehalten, d. h. für Stundenzeiger AD und Minutenzeiger AB gilt $\overline{AD} = l\overline{AB}$ mit $l = 2{,}5$. In der Mitte sind die beiden Zeiger gleich lang, d. h. es ist $l = 1$. Rechts gilt dann $l = 0{,}5$, hier ist also wie bei einer gewöhnlichen Uhr der Stundenzeiger der kürzere.

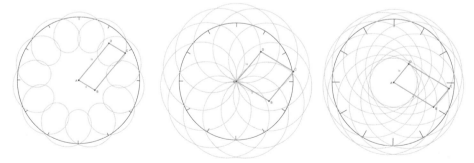

Abb. 14.6 Modelle verschiedener Uhren, der Stundenzeiger braucht jeweils zwölf Stunden für eine Runde, $\overline{AD} = l\overline{AB}$, mit $l = 2{,}5$ bzw. $l = 1$ bzw. $l = 0{,}5$ (erstellt mit © GeoGebra)

Zum Vergleich dazu zeigt Abb. 14.7 von links nach rechts nochmal die hier verwendete abgewandelte Uhr (vgl. Abb. 14.2) sowie zwei Versionen, bei denen der Stundenzeiger wie oben vier Stunden zur Umrundung des Zifferblattes braucht, aber ein Mal $l = 1$ und ein Mal $l = 0{,}5$ gilt.

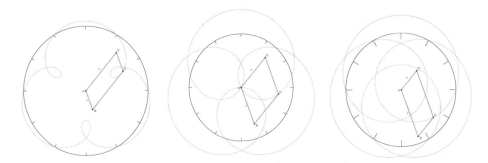

Abb. 14.7 Modelle verschiedener Uhren, der Stundenzeiger braucht jeweils vier Stunden für eine Runde, $\overline{AD} = l\overline{AB}$, mit $l = 2{,}5$ bzw. $l = 1$ bzw. $l = 0{,}5$ (erstellt mit © GeoGebra)

Beides, eine längere Umrundungszeit sowie gewöhnliche Verhältnisse der Zeigerlängen, machen schon das Zeichnen der Ortslinie des Punktes C (Aufgabe **1**) und erst recht die Argumentation darüber (Aufgabe **2A/2B/2C**) deutlich komplizierter ohne einen signifikanten mathematischen Zusatznutzen zu erzielen.

Rollkurven II – Mit Uhren und Gelenkparallelogrammen

Vielleicht habt Ihr **Rollkurven** bereits kennengelernt, zum Beispiel in Rollkurven I – Die Zahn-Zahlen eines Spirographen. In diesem Kapitel könnt Ihr untersuchen, wie typische Rollkurven auch mit Gelenkparallelogrammen[2] anstatt rollender Kreise erzeugt werden können.

Definition

Eine **Rollkurve** ist die Ortslinie eines Punktes, der fest mit einem rollenden Objekt verbunden ist.[3]

Die Strecke, über die dabei am Umfang dieses Objektes abgerollt wird, ist stets genauso lang wie die Strecke, über die es (an einem anderen Objekt) rollt.[4]

In der Tabelle auf S. 134 (ähnlich zur Übersicht in 6 Rollkurven I – Die Zahn-Zahlen eines Spirographen, S. 41) sind verschiedene Möglichkeiten des Rollens eines Kreises k_2 an einem ruhenden Kreis k_1 aufgeführt. Die Spalten 1 und 2 meinen dabei, wo (innen/außen) an k_1 bzw. k_2 abgerollt wird.

Spalte 3 gibt an, ob es Einschränkungen bezüglich der Größenverhältnisse der beiden Radien r_1 von k_1 und r_2 von k_2 gibt. Ausgeschlossen sind dadurch Kombinationen von Kreisen, bei denen eine Rollbewegung in der Praxis nicht möglich wäre, nämlich dass ein größerer Kreis innen an einem kleineren oder ein kleinerer mit der Innenseiten um einen größeren herum rollen würde.

Es sei P der Berührpunkt von k_1 und k_2. P kann sich auf beiden Kreisen in die gleiche Richtung (d. h. jeweils im Uhrzeigersinn oder gegen den Uhrzeigersinn) oder entgegengesetzt bewegen. Festgehalten ist das in Spalte 4.

Punkte, die mit k_2 fest verbunden sind, beschreiben Rollkurven mit dem in Spalte 5 genannten Namen.

---

2   Gelenkparallelogramme sind in Angewandte Gelenkparallelogramme thematisiert. Ein **Gelenkparallelogramm** besteht aus zwei Paaren jeweils gegenüberliegender gleich langer Stangen, die mit Gelenken an ihren Enden zu einem Viereck zusammengesetzt sind.

3   Die Definition ist auch in Rollkurven I – Die Zahn-Zahlen eines Spirographen zu finden.

4   Genauer kann der Begriff des Rollens in Aufgabe **3** im Kapitel Rollkurven I – Die Zahn-Zahlen eines Spirographen untersucht werden.

am ruhen-den k_1	am ruhen-den k_2	Einschrän-kung	Bewegung von P auf k_1 und k_2	Name
außen	außen		entgegengesetzt	Epitrochoide

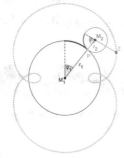

Bild erstellt mit © GeoGebra

| außen | innen | $r_1 < r_2$ | gleichgerichtet | Peritrochoide |

Bild erstellt mit © GeoGebra

| innen | außen | $r_1 > r_2$ | gleichgerichtet | Hypotrochoide |

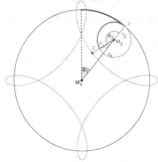

Bild erstellt mit © GeoGebra

Die folgende Aufgabe **1** bietet einen Zugang zur Erzeugung von Rollkurven mittels Gelenkparallelogrammen. Bearbeitet sie im Zweier- oder Dreierteam.

1   Wir betrachten eine Abwandlung einer gewöhnlichen analogen Uhr mit bestän-
dig bewegtem[5] Stunden- und Minutenzeiger.

Wir bezeichnen den Mittelpunkt der Uhr, wo Stunden- und Minutenzeiger
befestigt sind, mit A. Der freie Endpunkt des Minutenzeigers sei B, der des
Stundenzeigers D.

Unsere Uhr hat zwei Besonderheiten. Zum einen ist der Minuten- der kurze, der
Stunden- der lange Zeiger: Ersterer habe die Länge $\overline{AB} =: a$, letzterer die Länge
$la(= \overline{AD})$ mit $l \in \mathbb{Q}_{>1}$. In den Abbildungen 14.8–14.15 ist jeweils $l = 2{,}5$, also
$\overline{AD} = 2{,}5a$.

Zum anderen braucht der Stundenzeiger nicht zwölf Stunden, um das Zifferblatt
einmal komplett zu umrunden, sondern nur vier. Der Minutenzeiger benötigt
für eine Runde aber wie üblich eine Stunde, die auch bei uns 60 Minuten lang
sein soll.

Jede auftretende Zeigerposition hat also nicht nur zwei Bedeutungen, wie es
bei einer normalen Uhr der Fall wäre, sondern sechs verschiedene.

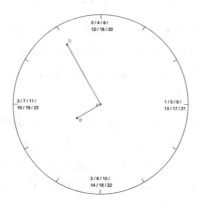

Abb. 14.8   Modell der besonderen Uhr (erstellt mit © GeoGebra)

Bei der in Abb. 14.8 dargestellten Ausrichtung der Zeiger könnte also eine von
sechs verschiedenen Uhrzeiten gemeint sein: 3.40 Uhr, 7.40 Uhr, 11.40 Uhr,
15.40 Uhr, 19.40 Uhr und 23.40 Uhr.

Nun befestigen wir bei B mit einem Gelenk eine weitere Stange der Länge la
(in den Abbildungen 14.8–14.15 also auch 2,5a lang) und genauso bei D eine
mit Länge a. Anschließend verbinden wir die beiden neuen Stangen wiederum

---

5   Das soll heißen, dass nicht etwa der Minutenzeiger jeweils für volle 60 Sekunden an einer
Position verbleibt und erst dann einen Schritt macht, wie man es zum Beispiel häufig bei
analogen Uhren an Bahnhöfen sieht.

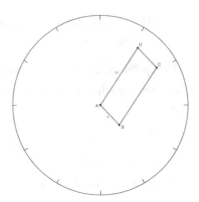

Abb. 14.9 Modell des Uhr-Gelenkparallelogramms (erstellt mit © GeoGebra)

an deren jeweils freiem Ende mit einem Gelenk *C* miteinander, siehe Abb. 14.9. So erhalten wir ein Gelenkparallelogramm (warum ist das so?) *ABCD*, das sich mit der Bewegung der Zeiger fortlaufend ändert.

Der Punkt *A* bleibt dabei fest. *B* und *D* beschreiben Kreise um *A* mit Radius *a* bzw. 2*a*. Aber was ist die Ortslinie des Punktes *C*?

a In den Abbldungen 14.10–14.14 seht Ihr Zifferblätter der Uhr mit jeweils zwei verschiedenen Zeigerpositionen. Kopiert oder zeichnet sie (jeweils in der gleichen Größe!) für jedes Mitglied in Eurer Gruppe auf möglichst transparentes Papier.

Zeichnet die Position der Zeiger und die sich daraus ergebende Lage von *C* für Uhrzeiten zwischen 0 Uhr und 3.55 Uhr im zeitlichen Abstand von jeweils 5 Minuten ein, also insgesamt 48 Positionen. Die Zeiger sind später nicht mehr wichtig, aber den Punkt *C* sollte man auch durch eine oder zwei Lagen Transparentpapier hindurch erkennen können. Benutzt also am besten einen feinen schwarzen Filz-/ Tinten-/ Gel-Stift.

Ihr könnt Euch die Arbeit im Zweierteam aufteilen, indem einer alle Uhrzeiten von 0 Uhr bis 1.55 Uhr (siehe die Zeigerpositionen in Abb. 14.10) und der andere von 2 Uhr bis 3.55 Uhr (Abb. 14.11) übernimmt. Im Dreierteam kann einer die Uhrzeiten von 0 Uhr bis 1.15 Uhr (Abb. 14.12), einer von 1.20 Uhr bis 2.35 Uhr (Abb. 14.13) und einer von 2.40 Uhr bis 3.55 Uhr (Abb. 14.14) einzeichnen. Legt anschließend Eure Zifferblätter übereinander. So solltet Ihr eine gemeinsame Ortslinie für die komplette Zeit erhalten.

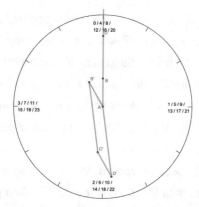

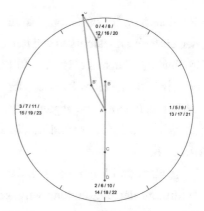

Abb. 14.10 Modell: 0 Uhr und 1.55 Uhr (erstellt mit © GeoGebra)

Abb. 14.11 Modell: 2 Uhr und 3.55 Uhr (erstellt mit © GeoGebra)

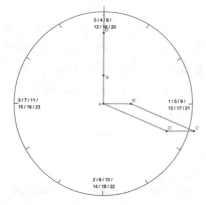

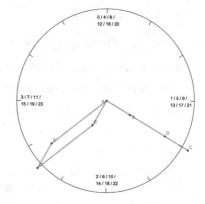

Abb. 14.12 Modell: 0 Uhr und 1.15 Uhr (erstellt mit © GeoGebra)

Abb. 14.13 Modell: 1.20 Uhr und 2.35 Uhr (erstellt mit © GeoGebra)

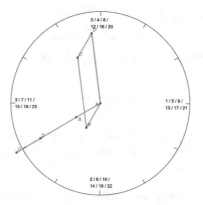

Abb. 14.14 Modell: 2.40 Uhr und 3.55 Uhr (erstellt mit © GeoGebra)

b Beschreibt die entstandene Kurve.

c Vergleicht Euer Ergebnis mit anderen Gruppen.

Vielleicht habt Ihr es schon geahnt – weil Ihr solche Kurven schon gesehen habt oder einfach angesichts von Titel und Eingangstext dieser Lernumgebung: Die Ortslinie des Punktes C ist eine Rollkurve. Das heißt, die gleiche Kurve erhält man auch als Ortslinie eines Punktes, der mit einem rollenden Kreis k_2 fest verbunden ist, welcher an einem unbewegten Kreis k_1 entlang rollt. Aber welche Kreise sind das und wo am rollenden befindet sich der gesuchte Punkt? Das ist Inhalt von Aufgabe **2A/2B/2C**.

In allen drei Versionen soll das Gleiche gezeigt werden. Während aber in **2C** die Struktur der Begründung vorgegeben ist, habt Ihr in **2B** nur eine Abbildung als Hilfe. Für **2A** sucht Ihr selbstständig einen Beweis. Wählt eine der Versionen aus und bearbeitet sie im Zweier- oder Dreierteam – das können auch andere Gruppen sein als für Aufgabe **1**.

2A Zeigt: Die Ortslinie des Punktes C ist eine Rollkurve. Gebt dazu die Art des Rollens (entsprechend der Tabelle auf S. 134), die Radien r_1 und r_2 des ruhenden bzw. des rollenden Kreises k_1 bzw. k_2 an, und wo an k_2 sich der Punkt C befindet (Abstand von k_2s Mittelpunkt).

> **Tipp**
>
> | Es gibt zwei verschiedene Möglichkeiten.

2B Zeigt: Die Ortslinie des Punktes C ist eine Rollkurve. Gebt dazu die Art des Rollens (entsprechend der Tabelle auf S. 134), die Radien r_1 und r_2 des ruhenden bzw. des rollenden Kreises k_1 bzw. k_2 an, und wo an k_2 sich der Punkt C befindet (Abstand vom Mittelpunkt von k_2). Orientiert Euch dabei an Abb. 14.15.

> **Tipp**
>
> | Es gibt zwei verschiedene Möglichkeiten – siehe Abb. 14.15.

2C Zeigt: Die Ortslinie des Punktes C ist eine Rollkurve. Dazu suchen wir die passende Art des Rollens (entsprechend der Tabelle auf S. 134), die Radien r_1 und r_2 des ruhenden bzw. des rollenden Kreises k_1 bzw. k_2, und wo an k_2 sich der Punkt C befindet (Abstand vom Mittelpunkt von k_2). Ihr könnt Euch an Abb. 14.15 sowie den folgenden Schritten orientieren.

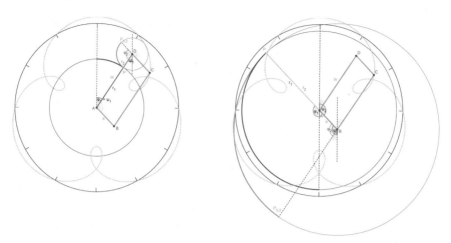

Abb. 14.15 Modelle der beiden Kreis-Kombinationen, mit denen die Ortslinie des Punktes C erzeugt werden kann; k_1 ist der ruhende, k_2 der rollende Kreis, C ist fest mit k_2 verbunden (erstellt mit © GeoGebra)

> 📎 **Tipp**
>
> | Es gibt zwei verschiedene Möglichkeiten – siehe Abb. 14.15.

(1) Rollt ein Kreis k_2 an einem Kreis k_1, so beschreibt der Mittelpunkt des ersten einen Kreis um den Mittelpunkt von letzterem. Die mit dem Kreis k_2 fest verbundenen Punkte wiederum beschreiben beim Rollen von k_2 Kreise um dessen Mittelpunkt (was in Bezug zur fixen Ebene, in der unser Parallelogramm sich bewegt, aber keine Kreise sind).

Begründet anhand dieser Aussage, warum als Mittelpunkt von k_1 nur A sowie als Mittelpunkt von k_2 die Gelenke D (vgl. Abb. 14.15 links) und B (vgl. Abb. 14.15 rechts) in Frage kommen.

(2) Es sei P der Berührpunkt von k_1 und k_2. Er liegt auf der Gerade durch die Kreismittelpunkte, d. h. auf der Gerade AD bzw. AB.

Erklärt, in welche Richtung (im Uhrzeigersinn/ gegen den Uhrzeigersinn) sich P während der Rollbewegung auf k_1 bzw. k_2 bewegt. Grenzt damit und anhand der Tabelle auf S. 134 ein, um welche Arten des Rollens von k_2 an k_1 es sich hier handeln kann.

(3) Beim Rollen werde in einem Zeitabschnitt am Kreis k_1 der Winkel φ_1 und an k_2 der Winkel φ_2 überstrichen. (In Abb. 14.15 wurde der Zeitabschnitt

ab 0 Uhr bis zur dargestellten Uhrzeit genommen, d. h. die Winkel φ_1, φ_2 und die gleich noch auftauchenden ψ_1 und ψ_2 sind in Bezug auf diejenige Zeigerposition aus eingezeichnet, in der alle Zeiger senkrecht nach oben gezeigt haben.)

Zeigt, dass für diese Winkel und die Radien von k_1 und k_2 die Beziehung

$$\varphi_1 \cdot r_1 = \varphi_2 \cdot r_2$$

gilt.

(4) Beim Rotieren der Zeiger der modifizierten Uhr überstreiche in einem Zeitabschnitt der Stundenzeiger AD den Winkel ψ_1 und der Minutenzeiger AB den Winkel ψ_2.

Gebt eine Beziehung zwischen den Winkeln ψ_1 und ψ_2 an.

(5) Begründet, warum

$$\varphi_2 = \psi_2 - \psi_1$$

gilt.

(6) Nutzt die Gleichungen aus (3), (4) und (5), um eine Beziehung zwischen r_1 und r_2 anzugeben, die unabhängig von den überstrichenen Winkeln φ_1, φ_2, ψ_1 und ψ_2 ist. Unterscheidet dabei wieder danach, ob D oder B Mittelpunkt von k_2 ist.

(7) Begründet anhand von (6), warum mit D bzw. B als Mittelpunkt von k_2 für die Radien $r_1 > r_2$ bzw. $r_1 < r_2$ gilt.

Folgert daraus, dass als Kombinationen von festem und rollendem Kreis genau die in Abb. 14.15 gezeigten auftauchen können.

(8) Zeigt, dass für die Radien der Kreise in Abb. 14.15 links $r_1 = \frac{(n-1)}{n} la$ und $r_2 = \frac{1}{n} la$ sowie in Abb. 14.15 rechts $r_1 = (n-1)a$ und $r_2 = na$ gilt.

Gebt außerdem die jeweiligen Abstände des Punktes C vom Mittelpunkt des Kreises k_2 an.

Damit haben wir gezeigt, dass die Ortslinie des Punktes C, die wir ursprünglich über die zum Gelenkparallelogramm modifizierte Uhr erhalten hatten, eine Rollkurve ist. Denn wir haben Kreise k_1 und k_2 gefunden, so dass man C als am rollenden k_2 befestigt auffassen kann und darüber die gleiche Kurve bekommt. Das ist zunächst mal ein theoretisches schönes Ergebnis.

Wenn wir auf praktische Aspekte schauen, ist man eventuell an der anderen Richtung mehr interessiert: Welche Abmessungen muss ein Gelenkparallelogramm haben und wie muss es bewegt werden, um eine gegebene Rollkurve zu erzeugen? Denn eine Konstruktion mit rollenden Kreisen wirkt komplizierter als ein Gelenkparallelogramm.

Diese Frage ist Inhalt der Aufgaben **3A/3B/3C**. Die Aufgaben beziehen sich auf die verschiedenen Typen von Rollkurven, die in der Übersicht auf S. 134 dargestellt sind. **3C** ist insofern etwas anspruchsvoller als **3A** und **3B**, als dass diese Variante noch nicht bei der Uhr aufgetaucht ist. Wählt eine der Aufgaben aus und bearbeitet sie im Zweier- oder Dreierteam.

3A Es rolle ein Kreis k_2 mit Mittelpunkt M_2 und Radius r_2 mit seiner Außenseite außen an einem feststehenden Kreis k_1 mit Mittelpunkt M_1 und Radius r_1. Ein Punkt Z sei fest mit k_2 verbunden; er habe von M_2 den Abstand $\overline{M_2Z} =: z$. Zs Ortslinie während der Rollbewegung ist eine Epitrochoide, siehe die Tabelle auf S. 134.

Gebt Lage, Abmessungen, Bewegungs- und weitere relevante Eigenschaften eines Gelenkparallelogramms $ABCD$ an, mit dem die gleiche Rollkurve erzeugt werden kann.

3B Es rolle ein Kreis k_2 mit Mittelpunkt M_2 und Radius r_2 mit seiner Innenseite außen an einem feststehenden Kreis k_1 mit Mittelpunkt M_1 und Radius $r_1 < r_2$. Ein Punkt Z sei fest mit k_2 verbunden; er habe von M_2 den Abstand $\overline{M_2Z} =: z$. Zs Ortslinie während der Rollbewegung ist eine Peritrochoide, siehe die Tabelle auf S. 134.

Gebt Lage, Abmessungen, Bewegungs- und weitere relevante Eigenschaften eines Gelenkparallelogramms $ABCD$ an, mit dem die gleiche Rollkurve erzeugt werden kann.

3C Es rolle ein Kreis k_2 mit Mittelpunkt M_2 und Radius r_2 mit seiner Außenseite innen an einem feststehenden Kreis k_1 mit Mittelpunkt M_1 und Radius $r_1 > r_2$. Ein Punkt Z sei fest mit k_2 verbunden; er habe von M_2 den Abstand $\overline{M_2Z} =: z$. Zs Ortslinie während der Rollbewegung ist eine Hypotrochoide, siehe die Tabelle auf S. 134.

Gebt Lage, Abmessungen, Bewegungs- und weitere relevante Eigenschaften eines Gelenkparallelogramms $ABCD$ an, mit dem die gleiche Rollkurve erzeugt werden kann.

KAPITEL 15

Welche ist die beste Bustür?

Bustüren bewegen sich anders als beispielsweise normale Zimmertüren. In dieser Lernumgebung[1] sind die Schülerinnen und Schüler aufgefordert, die Funktionsweise zumindest einer Variante genauer zu untersuchen. Als Ergebnis dieser Auseinandersetzung sollen sie am Ende eine kritische Bewertung zur analysierten Tür verfassen und präsentieren.

Im Fokus dieses Abschnittes steht eine reale Fragestellung, der etwa ein Unternehmen nachgehen könnte, das Busse baut: Welche ist die beste Bustür – und sollte daher von uns verwendet werden? Die Antwort darauf scheint nicht eindeutig zu sein. Das zeigt sich darin, dass in der Realität verschiedene Typen zum Einsatz kommen.[2] Oft werden auch innerhalb einer Stadt oder eines Verkehrsverbundes verschiedene Mechanismen verwendet.

In den einzelnen Konstruktionen treffen verschiedene geometrische Aspekte zusammen, die zu identifizieren eine interessante Herausforderung sein kann.

Bustüren begegnen gerade vielen Schülerinnen und Schülern häufig. Sie sind relativ einfach zu beobachten, weil ihre Führungen und Gelenke meist so offen liegen, dass sie gut einsehbar sind. Zudem bewegen sie sich immer wieder, so dass man auch erneut genauer auf einzelne Details achten kann. Und zugleich ist die Funktionsweise meist soweit nachvollziehbar, als dass man ihre Grundprinzipien verstehen und etwa mit einer Dynamischen Geometrie Software (DGS) auf das Wesentliche reduzierte Animationen von ihnen erstellen kann.

---

1   Die Lernumgebung Welche ist die beste Bustür? stimmt in weiten Teilen überein mit einem gleich betitelten Abschnitt in [22, S. 129ff].

2   Es sei denn, die Produktionskosten variieren so stark, dass man bisweilen auf weniger gute, dafür preiswertere Varianten setzt (was im Übrigen ja auch eine relevante Größe bei der Frage nach der besten Bustür ist). Oder die unterschiedlichen Konstruktionen wurden nacheinander erfunden, und nun werden noch Busse mit älteren Versionen aufgebraucht.

Abb. 15.1   Schieber – zweiflügeliger Dreher offen und geschlossen – einflügeliger Dreher offen

Hier seien beispielhaft vier grundlegend verschiedene Mechanismen gezeigt, die wiederum noch unterschiedlichen Ausprägungen realisiert sein können. Die abgebildeten Modelle wurden mit © GeoGebraangefertigt und sollen eine Draufsicht von oben darstellen. Dies ist sicher auch die am besten geeignete Perspektive für die Erstellung der Animationen in Aufgabe **3**. Dementsprechend ist dann im Folgenden auch etwa von „Punkten" in der zweidimensionalen Ansicht die Rede (beispielsweise „Endpunkt" einer Tür) anstatt von „Kanten" (die entsprechende seitliche Kante der Tür, die man in der Projektion eben als Punkt sieht) etc.

Es ist gut möglich, dass sich den Schülerinnen und Schülern in ihrer Umgebung nicht eine solche Vielfalt bietet. Aber auch zwei oder drei Typen können verglichen werden. Eine Bewertung einzelner Aspekte als positiv oder negativ sollte ohnehin möglich sein, ohne eine andere Tür gegenüberzustellen, die diese Merkmale nicht aufweist.

A **Schieber** Bei diesem Mechanismus wird die Tür einfach parallel zur Buswand (innerhalb des Busses) zur Seite geschoben. Ein Foto zeigt Abb. 15.1 links. Wo und wie diese Bewegung angetrieben wird, ist allerdings weniger gut zu erkennen als bei den anderen Varianten.

Die Verfasserin hat diese Variante in Deutschland noch nicht bewusst an Bussen gesehen. Bei Straßenbahnen oder Regionalverkehrszügen gibt es häufig ebenfalls (zweigeteilte) Schiebetüren, die aber erst ein kleines Stück von der Bahn weggesetzt werden, bevor die Türflügel außen an der Bahn zur Seite verschoben werden. Dieser Aufbau ist damit verschieden von dem genannten. Vergleichbar ist diese Bustür aber mit (zweigeteilten) Schiebetüren am Eingang von Supermärkten.

B **Dreher** Die Grundkonstruktion dieses Typs ist ein *Gelenkviereck* (siehe Kapitel 9 Überall Gelenkvierecke), zumindest angenähert sogar ein *Gelenkparallelogramm* (siehe 10 Angewandte Gelenkparallelogramme).

Das Prinzip gibt es in einer einflügeligen und in einer zweiflügeligen Variante. Erstere findet man tendenziell eher vorne an Bussen, häufig bei Reisebussen. Zwei Flügel bilden eher eine hintere Bustür. Gerade bei der einflügeligen Version kann man auch eine Parallele zur Gepäckfachklappe, deren Aufhängung und Bewegung aus der Lernumgebung 7 Montage einer Gepäckfachklappe sehen.

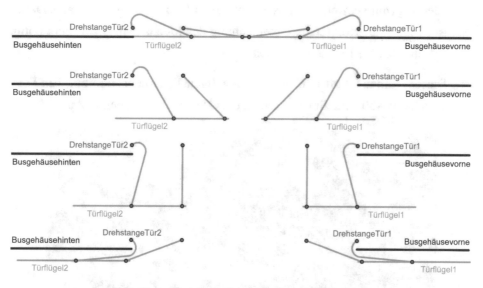

Abb. 15.2 Modell „Dreher" (erstellt mit © GeoGebra)

Im Bus befindet sich dabei direkt neben der Türöffnung für je einen Flügel eine türhohe Drehstange. Diese ist über eine (gebogene) Stange (oft auch mehrere) und Gelenke mit dem Türflügel verbunden. Eine weitere Verbindungsstange zwischen Flügel und Busgehäuse von passender Länge ist so angebracht, dass Türflügel, Buswand und Verbindungsstangen ein angenähertes Gelenkparallelogramm bilden.[3] Besagte Drehstange wird zum Öffnen zu einer Drehung angetrieben. Die Verbindungsstangen sorgen dafür, dass der Türflügel sich nahezu parallel zur Buswand bewegt.[4] Anschauen kann man sich dies in den Fotos mittig und rechts in Abb. 15.1 sowie in der © GeoGebra-Abbildung 15.2.

---

3   Türflügel parallel zur Buswand, Stangen parallel zueinander
4   Da die Eigenschaft, ein Gelenkparallelogramm zu sein, in der Bewegung erhalten bleibt.

Man erkennt auch gut, warum die Verbindungsstangen zwischen Bus und Türflügeln gebogen sind: Gerade Stangen würden mit dem Busgehäuse kollidieren, zumindest eine komplette Öffnung der Tür wäre nicht möglich.

C **Ellipsenlenker** Den Grundmechanismus dieser Variante kann man als **variables Dreieck** (siehe Lernumgebung 8 Variable Dreiecke) auffassen.[5]

Der Name Ellipsenlenker rührt daher, dass sich die Punkte der öffnenden Tür auf Ellipsenbahnen bewegen. Die zur Analyse relevanten Türpunkte, nämlich diejenigen, die mittels Stangen oder Schienen geführt werden, bewegen sich allerdings auf speziellen Ellipsen: auf einem Kreis bzw. einer Gerade. Daher ist es für eine erfolgreiche Untersuchung des Mechanismus gar nicht nötig, Kenntnisse über Ellipsen zu haben.

Dieser Aufbau ist oft in einer zweiflügeligen Version anzutreffen. Ein Foto dazu ist in Abb. 15.3 links zu sehen, ein © GeoGebra-Modell in Abb. 15.4.

Abb. 15.3 Zweiflügeliger Ellipsenlenker – Falter weiter und weniger weit geöffnet

Ein Punkt mittig an jedem der beiden Flügel – „BefestigungDrehstangeanTür1" bzw. „...2" in Abb. 15.4 – wird auf einem Kreisbogen geführt, und zwar durch eine Stange mit der Länge einer halben Türflügelbreite. Von einer Drehung dieser Stange geht die Bewegung des jeweiligen Türflügels aus.

---

5   Mit den Bezeichnungen aus Abb. 15.4 können etwa „DrehstangeTür1" und die eine Hälfte des zugehörigen Türflügels, „BefestigungDrehstangeanTür1 EndpunktinnenTür1", als Dreiecksseiten festgelegt werden. Der Winkel zwischen „DrehstangeTür1" und der „Führungsschiene" wird aktiv variiert.

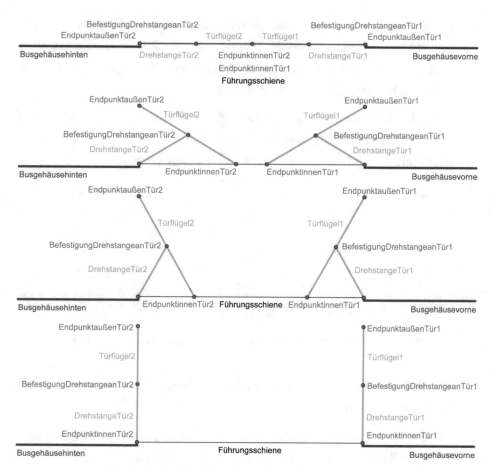

Abb. 15.4 Modell „Ellipsenlenker" (erstellt mit © GeoGebra)

Ein zweiter Punkt am inneren Ende von jedem der beiden Flügel – „EndpunktinnenTür1" bzw. „...2" in Abb. 15.4 – wird mittels einer Stange in einer Führungsschiene parallel zur Buswand geradlinig geführt.

Dadurch bewegt sich der andere Endpunkt des jeweiligen Türflügels – „EndpunktaußenTür1" bzw. „...2" in Abb. 15.4 – auf einer *Gerade* senkrecht zur Buswand ins Businnere hinein.[6] Warum ist das so?

Da „BefestigungDrehstangeanTür1" der Mittelpunkt von „Türflügel1" ist, liegen „EndpunktinnenTür1" und „EndpunktaußenTür1" auf einem Kreis um diesen Punkt (siehe Abb. 15.5). Genauso befindet sich auch „Befesti-

---

6 Damit kann man diese Art von Bustür als ein Beispiel eines variablen Dreiecks ansehen, bei dem eine umgesetzte Ortslinie wichtig ist.

gungDrehstangeTür1" auf diesem Kreis, weil die Länge der Drehstange der halben Türflügelbreite entspricht. Daher ist aber der Winkel „Endpunktaußen-Tür1 BefestigungDrehstangeTür1 EndpunktinnenTür1" (grün in Abb. 15.5) nach dem Satz des Thales stets ein rechter.

Folglich bewegt sich „EndpunktaußenTür1" auf einer Gerade senkrecht zur Führungsschiene von „EndpunktinnenTür1" und damit senkrecht zur Buswand. Entsprechendes gilt natürlich auch für den zweiten Türflügel.

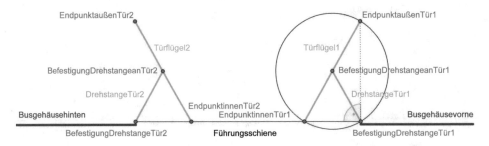

Abb. 15.5 Modell „Ellipsenlenker" mit Thaleskreis (erstellt mit © GeoGebra)

Die Tür schiebt sich also auf einer relativ kleinen Fläche im Innenraum des Busses zu beiden Seiten hin auf.

In Abb. 15.3 links ist zu sehen, dass bei diesem Bus die Türflügel durch drehende Stangen sowohl oben (innerhalb des Busses) als auch unten (außen) geführt werden. Ferner erkennt man, dass sich zumindest dort die Türflügel nicht synchron bewegen.

D **Falter** Auch diesen Typ kann man als *variables Dreieck* (siehe Kapitel 8 Variable Dreiecke) betrachten.[7]

Die Tür besteht aus zwei Türflügeln, die aber durch Scharniere miteinander verbunden sind. Beim Öffnen klappen die Flügel an diesen Scharnieren zusammen, daher die Bezeichnung „Falter". Zu sehen ist diese Variante in den Fotos mittig und rechts in Abb. 15.3 sowie als Modell in Abb. 15.6.

---

7   Das ist hier wohl auch naheliegender als beim Ellipsenlenker. Die beiden verbundenen Einzelteile bilden dabei zwei Seiten des variablen Dreiecks. Der Winkel zwischen drehbar gelagertem Flügel und Führungsschiene wird aktiv variiert.

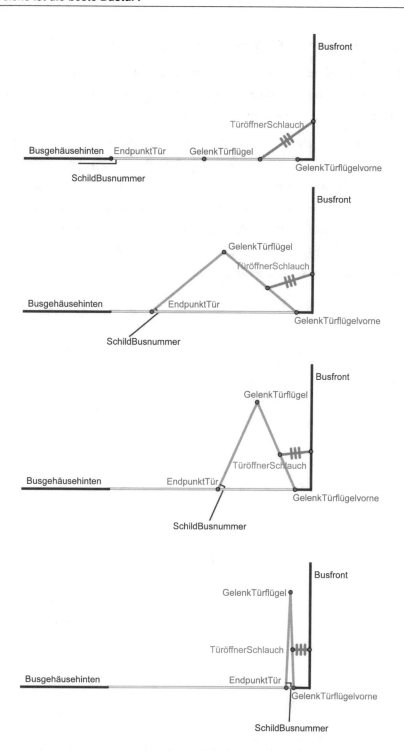

Abb. 15.6 Modell „Falter" (erstellt mit © GeoGebra)

Der Mechanismus hat Gemeinsamkeiten mit dem Ellipsenlenker.

Auch hier wird ein Endpunkt eines Türflügels (in Abb. 15.6 „EndpunktTür")
mittels einer Schiene parallel zur Buswand geführt. Sein anderes Ende ist mit
dem zweiten Flügel gelenkig verbunden („GelenkTürflügel" in 15.6).

Die gegenüberliegende Seite dieses zweiten Flügels ist drehbar am Busgehäuse
gelagert („GelenkTürflügelvorne" in 15.6). Dieser Türflügel ist es, der angetrieben wird – zu einer Drehung in besagtem Gelenk. Dies passiert nicht über eine
Drehung aus diesem Gelenk selbst heraus wie bei dem Mechanismus „Dreher"
in einer Drehstange.[8] Vielmehr wird der Türflügel über eine Verbindung zum
Busgehäuse („TüröffnerSchlauch" in 15.6) in Richtung der Busfront gezogen
bzw. von dort aus wieder weggeschoben.[9]

---

8   Zumindest bei der im Foto gezeigten Variante, wenngleich dort nicht einsehbar
9   Die Punkte auf dem Türflügel, der mit einem Ende in der Schiene geführt wird, sind es, die hier
     Ellipsen beschreiben. Für „GelenkTürflügel" ist die Ellipse ein Kreis, für „EndpunktTür" eine
     Strecke, für die anderen Punkte allgemeine Ellipsen.

Welche ist die beste Bustür?

Vielleicht ist Euch schon mal aufgefallen, dass Bustüren sich anders bewegen als beispielsweise normale Zimmertüren. Aber warum wohl? Welche verschiedenen Funktionsweisen gibt es, und was ist Eurer Meinung nach die beste?

1   Für die Analyse von Bustüren startet Ihr mit einer Vorbereitungsaufgabe. Bearbeitet die folgenden Fragen im Zweier- oder Dreierteam und macht Euch Notizen, eventuell auch Skizzen.

Eine normale Zimmertür ist im geschlossenen Zustand in einer Linie mit der Wand. Zum Öffnen drückt man (die Türklinke herunter und dann) so gegen die Tür, dass sie sich um die Achse durch ihre Scharniere dreht.

Auch Bustüren befinden sich geschlossen in Linie mit der Buswand, aber was passiert beim Öffnen?

Versucht, Euch eine oder verschiedene Bustüren in Erinnerung zu rufen. Falls Ihr auch ohne das selbst Ideen oder keine konkrete Bustür vor Augen habt: Diskutiert, welche Bewegungsweise, Steuerung und Endposition Euch sinnvoll erscheinen würde und warum.

–   Besteht die Tür aus einem starren Einzelteil, handelt es sich um zwei Türflügel, zwei oder mehr gelenkig miteinander verbunden Teile oder noch etwas anderes?

–   Wo ist die geöffnete Tür relativ zur Buswand?

–   Wie bewegt sie sich, während sie geöffnet wird? Ist es eine Drehung oder Verschiebung der ganzen Tür oder eine kompliziertere Bewegung?

Das hier sind nur einige Beispielaspekte – vielleicht habt Ihr ganz andere Gedanken dazu.

2   Schaut Euch nun – in den Teams von vorher – reale Bustüren an.

Dokumentiert mindestens eine Art von Tür mit Hilfe von Fotos, Filmen, Skizzen oder Ähnlichem.

Achtet dabei darauf, dass man in Euren Bildern und Videos Eure Antworten auf die folgenden Fragen gut erkennen kann. Wenn Ihr also beispielsweise schreibt, dass die Tür beim Öffnen verschoben wird, sollte man das in einem Film sehen können. -

– Besteht die Tür aus einem starren Einzelteil, handelt es sich um zwei Türflügel, zwei oder mehr gelenkig miteinander verbunden Teile oder noch etwas anderes?

– Wo ist die geöffnete Tür relativ zur Buswand?

– Wo sind an der Tür bzw. am Türrahmen (am Bus ohne die Tür) Gelenke, Stangen, Führungsschienen und Ähnliches, um die Tür zu bewegen?

– Wie bewegt sie sich, während sie geöffnet wird? Ist es eine Drehung oder Verschiebung der ganzen Tür oder eine kompliziertere Bewegung?

Wenn die Tür gedreht wird: Wo ist das Drehzentrum? Wie groß ist der Drehwinkel?

Wenn es sich weder um eine Drehung noch um eine Verschiebung der ganzen Tür handelt: Vollführt jeder Punkt der Tür die gleiche Bewegung? Könnt Ihr die Bewegung für einzelne Punkte beschreiben?

– Wo befindet sich der Antrieb zu der Bewegung?

– Fallen Euch noch andere Eigenschaften auf?

3   Erstellt mit einer DGS (etwa GEOGEBRA) eine Animation der von Euch in Aufgabe **2** analysierten Bustür.

Oder

Habt Ihr noch eine andere Idee als die gefundenen Varianten, wie eine Bustür funktionieren könnte? Dann könnt Ihr auch stattdessen Euren selbst ausgedachten Mechanismus in einer DGS-Animation verwirklichen.

Bei beiden Möglichkeiten solltet Ihr eine geeignete Perspektive wählen und Euer Modell auf das Wesentliche reduzieren, so dass man die Funktionsweise gut erkennen kann.

4   Bereitet mit Euren Ergebnissen aus Aufgabe **2** und der Animation aus Aufgabe **3** eine kurze Präsentation Eurer Bustür für Eure Mitschülerinnen und Mitschüler vor.

Geht auf besondere Eigenschaften und die Funktionsweise ein.

Benennt Gemeinsamkeiten und Unterschiede im Vergleich zu einer normalen Tür und, wenn möglich, auch zu anderen Bustürarten.

Bewertet dabei auch, was Ihr als besondere Vor- oder auch Nachteile Eurer Bustür im Vergleich mit anderen anseht.

Gibt es spezielle Anforderungen (Bus wird von Personen mit viel Gepäck genutzt, Tür muss besonders schnell zu öffnen sein ...), bei denen die Türvariante Eurer Meinung nach besonders gut geeignet ist?

Gebt der Tür einen aussagekräftigen Namen, der beispielsweise ihre besonderen Eigenschaften widerspiegelt.

Findet Ihr weitere Bereiche – Bahn-, Schrank-, Terrassentüren ... – in denen der von Euch vorgestellte Mechanismus verwendet wird? Dokumentiert diese gegebenenfalls durch Fotos, Videos, Skizzen und Ähnliches. Warum wird die Konstruktion dort wohl genutzt?

KAPITEL 16

Suche Umgebung, finde Geometrie

In unserer Umgebung sind zahlreiche bewegliche Anwendungen von Geometrie zu finden – das haben die Schülerinnen und Schüler vielleicht auch schon in einer der anderen Lernumgebungen gesehen.

Anstatt von einem mathematischen Begriff oder Sachverhalt ausgehend nach passenden Mechanismen zu schauen, soll für diese Lernumgebung[1] ein kleiner räumlicher oder (nicht-mathematisch) thematischer Bereich ausgewählt und dieser geometrisch-technisch untersucht werden.

So entstehen Möglichkeiten, schon vorhandenes mathematisches Wissen noch einmal anders zu beleuchten und zu verknüpfen. Aber auch neue Inhalte können auftauchen und bei passendem Schwierigkeitsgrad aus der Motivation der echten Anwendung heraus erschlossen werden.

Natürlich ist die Chance groß, dass die Lernenden auch solche Konstruktionen finden, deren Funktion sie (teilweise) nicht erklären können. Das kann beispielsweise daran liegen, dass ihre mathematischen Kenntnisse nicht dafür ausreichen und auch nicht einfach so weit ausgebaut werden können.

Es kann auch sein, dass ein Mechanismus bestimmte Eigenschaften aufweist, deren Nutzen sich allein aus der mathematischen Betrachtung nicht erschließt (etwa Näherungslösungen, die in der Praxis besser geeignet sein können als eine exakte). Oder ein Teil der Konstruktion ist für den Betrachter nicht einsehbar.

Dies muss aber keineswegs bedeuten, dass die Schülerinnen und Schüler sich nicht gewinnbringend mit Suche Umgebung, finde Geometrie auseinandersetzen könnten. Gerade Situationen wie die genannten haben umgekehrt auch Lernpotenziale. Die Erkenntnis, dass ein Einzelner nicht alles wissen und erklären kann, darf durchaus auch mal im Schulunterricht auftauchen. Internet- und Literaturrecherche

---

[1] Die Lernumgebung Suche Umgebung, finde Geometrie stimmt in weiten Teilen überein mit einem gleich betitelten Abschnitt in [22, S. 155ff].

oder nachfragen etwa bei einem Ingenieur im Bekanntenkreis bringt dann vielleicht doch noch einige Einsichten. Und schließlich kann man auch die Kreativität der Lernenden herausfordern, sich selbst zu überlegen, wie denn ein nicht komplett einsehbarer Mechanismus funktionieren könnte (siehe das Kapitel 5 Blackbox).

Suche Umgebung, finde Geometrie

Wie viel bewegliche Geometrie steckt Eurer alltäglichen Umgebung? Das könnt Ihr hier untersuchen.

1 Wählt einen räumlichen oder thematischen Bereich Eurer Umgebung aus und geht dort auf die Suche nach beweglichen Anwendungen von Geometrie. Das können beispielsweise Geräte und Möbel in Eurer Küche sein, Mechanismen an Fahrzeugen, Spielwaren in einer Kaufhausabteilung oder Sportgeräte in einem Fitnessstudio.

Dokumentiert Eure Funde mit Fotos, Videos, Skizzen oder Erläuterungen.

2 Wählt von Euren gefundenen Anwendungen zwei bis vier (je nach Komplexität) aus und analysiert deren Funktionsweise. Welche mathematischen Eigenschaften haben sie, und wofür sind diese wohl jeweils günstig?

Ihr könnt dazu auch im Internet oder in Printmedien recherchieren. Oder vielleicht wisst Ihr jemanden, den Ihr zum Nutzen der Konstruktion befragen könnt?

3 Gestaltet eine kleine Präsentation, in der Ihr Eure gewählte Umgebung und die in Aufgabe **2** analysierten Mechanismen mit Funktionsweise und Nutzen vorstellt.

Medium (Computerpräsentation, Poster, Flyer ...) und angesprochene Zielgruppe (potentielle Kunden, Leser einer Fachzeitschrift, Schülerinnen und Schüler in einer Ausstellung ...) könnt Ihr Euch selbst überlegen.

Ihr könnt dazu die Fotos und Videos verwenden, die Ihr gemacht habt. Außerdem könnt Ihr Text schreiben, Skizzen machen, Bilder mit einer DGS (z. B. © GeoGebra) erstellen, ein Modell aus Pappe und Musterbeutelklammern bauen ... oder was Euch sonst noch einfällt.

KAPITEL 17

Rollkurven III – Ein kurviger Antrieb

In Abb. 17.1 sind zwei Räder als Kreise dargestellt. Der kleine Kreis k_2 mit Radius r_2 wird zu einer Rotation um seinen Mittelpunkt M_2 angetrieben. Auf seinem Rand ist bei Z ein Bolzen befestigt, der sich mitdreht.

Der große Kreis k_1 hat den Mittelpunkt M_1, den Radius $r_1 = 2r_2$ und es gilt $\overline{M_1M_2} = r_2$. Auf einem Durchmesser von k_2 ist eine Schiene S_1S_2 (mit Länge $2r_1 = 4r_2$) angebracht.

Während sich nun k_2 dreht, läuft der Bolzen Z in dieser Schiene und treibt dadurch auch k_1 zu einer Drehung an, um den Punkt M_1 und mit der halben Geschwindigkeit der Rotation von k_2.[1]

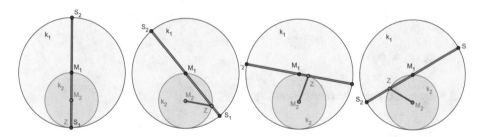

Abb. 17.1 k_2 wird gedreht, Z läuft in der Schiene S_1S_2 und treibt so k_1 ebenfalls zu einer Rotation an. (Modell erstellt mit © GeoGebra)

Um zu erläutern, warum dieser Antrieb funktioniert (Aufgabe **1**), bietet sich ein Perspektivwechsel an, der auch für die darauffolgende Aufgabe **2** hilfreich ist. Dazu lassen wir den Kreis k_1 ruhen und k_2 darin rollen. Wir zeigen, dass sich der Punkt Z auf dem Rand von k_2 dabei auf einem Durchmesser von k_1 bewegt.

---

[1] Dieser Antrieb wird beschrieben in [24, S. 302f]. Dort ist nicht die Grundkonstruktion aus Abb. 17.1 gezeigt, sondern die Variante mit drei Bolzen wie in Abb. 17.3 sowie eine mit zwei (ebenfalls regelmäßig angeordneten) Bolzen und zwei zueinander senkrechten Schienen auf dem großen Rad. Ferner ist das antreibende Teil nicht als Rad konstruiert, sondern nur als Stangen mit Bolzen am Ende (für Abb. 17.3 wären das beispielsweise die Stangen M_2Z_1, M_2Z_2 und M_2Z_3 ohne k_2).

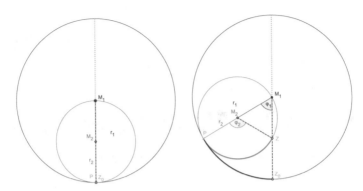

Abb. 17.2 k_1 ruht, k_2 rollt darin; Z bewegt sich auf dem Durchmesser durch Z_0 und M_1. (Modell erstellt mit © GeoGebra)

Wir nehmen an, dass k_2 zu Beginn der Bewegung so liegt, dass Z auch den Rand von k_1 berührt, und zwar in einem Punkt Z_0. Diese Position ist in Abb. 17.2 links dargestellt. Abb. 17.2 rechts zeigt die Lage zu einem späteren Zeitpunkt. Der momentane Berührpunkt P ist auf k_1 im Uhrzeigersinn um den Winkel $\angle PM_1Z_0 =: \varphi_1 < 90°$ vorgerückt. Auf k_2 ist der Berührpunkt dann ebenfalls im Uhrzeigersinn vorgerückt (vgl. die Tabelle auf S. 134), um den Winkel $\angle PM_2Z =: \varphi_2$. Da die abgerollten Wege auf beiden Kreisen gleich lang sein müssen (siehe Aufgabe **3** in 6 Rollkurven I – Die Zahn-Zahlen eines Spirographen), gilt

$$\varphi_1 \cdot r_1 = \varphi_2 \cdot r_2$$

und wegen der Voraussetzung $r_1 = 2r_2$

$$2\varphi_1 = \varphi_2. \tag{17.1}$$

Der Winkel $\angle ZM_2M_1$ ist Nebenwinkel zu φ_2 und daher $\angle ZM_2M_1 = 180° - \varphi_2 = 180° - 2\varphi_1$ groß. Das Dreieck M_2M_1Z ist gleichschenklig mit Basis M_1Z wegen $\overline{M_2M_1} = \overline{M_2Z} = r_2$. Somit gilt

$$\angle PM_1Z = \angle M_2M_1Z = \frac{180° - (180° - 2\varphi_1)}{2} = \varphi_1 = \angle PM_1Z_0.$$

Daher liegt der Punkt Z für $\varphi_1 < 90°$ auf der Strecke M_1Z_0. Für φ_1 zwischen $0°$ und $360°$ bewegt sich Z auf deren Verlängerung zum Durchmesser von k_1, wie man mittels ähnlicher Argumentationen für solches φ_1, das gleich oder größer als $90°$ ist, zeigen kann.

Entsprechend Gleichung (17.1) hat der Kreis k_2 sich genau zwei Mal um sich selbst gedreht, wenn er wieder in seiner Ausgangsposition relativ zu k_1 angekommen ist.

Nun kommen wir zur Ausgangskonstruktion zurück. Wir hängen k_1 bzw. k_2 drehbar an seinem Mittelpunkt M_1 bzw. M_2 auf, so wie es in Abb. 17.1 dargestellt ist. k_2 wird zu einer Rotation um M_2 angetrieben. Der Bolzen Z bewegt sich dabei in der geraden Schiene $S_1 S_2$ und dreht k_1 dadurch mit. Nach Gleichung (17.1) dauert eine Rotation von k_1 genauso lang wie zwei Umdrehungen von k_2, d. h. k_1 dreht mit der halben Geschwindigkeit von k_2.

Die Schiene auf dem Kreis k_1 mit Radius $2r_2$ wird als gerade Linie installiert, weil das der Rollkurve eines Punktes auf dem Rand eines Kreises k_2 mit Radius r_2 entspricht, der in k_1 rollt (**Hypotrochoide**). Nun kann man sich fragen (Aufgabe **2**), wie die Schiene oder auch mehrere Schienen auf k_1 gewählt werden müssten, wenn man ...

... mehrere Bolzen auf k_2 befestigen

... Bolzen nicht auf dem Rand von k_2, sondern weiter innen installieren

... einen anderen Radius für k_1 (relativ zu k_2) nehmen

würde.

Für mehrere Bolzen braucht man nur mehrere Schienen, die passend auf k_1 positioniert sein müssen. Ein Beispiel mit drei Bolzen, die regelmäßig auf k_2 verteilt sind, ist in vier Positionen in Abb. 17.3 zu sehen.

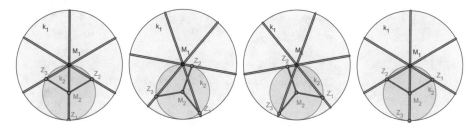

Abb. 17.3 Modell mit drei Bolzen Z_1, Z_2, Z_3, die sich wie zuvor Z auf dem Rand von k_2 befinden, und $r_1 = 2r_2$; das kleine Rad k_2 in der Ausgangsposition und bezogen darauf um $40°$ bzw. $80°$ bzw. $120°$ gedreht, das große k_1 entsprechend in seiner Ausgangsposition und um $20°$ bzw. $40°$ bzw. $60°$ rotiert (erstellt mit © GeoGebra)

Im zweiten und dritten Fall sind in Analogie zur obigen Argumentation Hypotrochoiden[2] zu anderen Parametern die Lösung.

---

2 Sofern die Bolzen auf dem Rand des inneren Kreises liegen, handelt es sich bei den Kurven genauer um **Hypozykloiden** als Spezialfall von Hypotrochoiden.

So ist in Abb. 17.4 eine Variante zu sehen, bei der weiterhin $r_1 = 2r_2$ gilt, sich der Bolzen aber innen auf dem Kreis k_2 statt auf dessen Rand befindet. Anstelle einer geraden Schiene muss nun eine ellipsenförmige verwendet werden.

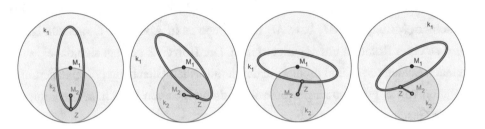

Abb. 17.4 Modell mit wie zuvor $r_1 = 2r_2$ und einem Bolzen Z, aber dieser befindet sich statt auf dem Rand im Abstand $\frac{r_2}{2}$ von M_2; das kleine Rad k_2 in der Ausgangsposition und bezogen darauf um 80° bzw. 160° bzw. 240° gedreht, das große k_1 entsprechend in seiner Ausgangsposition und um 40° bzw. 80° bzw. 120° rotiert (erstellt mit © GeoGebra)

Abb. 17.5 oben bzw. unten zeigt jeweils eine Version, bei der wie in Abb. 17.1 bzw. 17.3 der einzelne Bolzen Z auf dem Rand von k_2 liegt bzw. $\overline{M_2Z} = \frac{r_2}{2}$ gilt. Diesmal ist aber $r_1 = 3r_2$, weshalb die Rollkurve für die Schiene auf k_1 drei echte (**Deltoide**) bzw. abgerundete Spitzen hat.

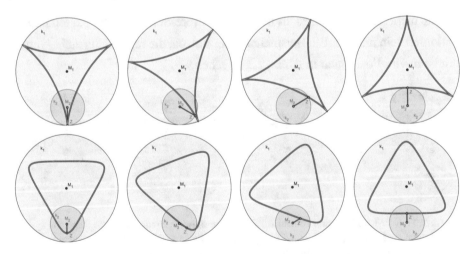

Abb. 17.5 Modell mit $r_1 = 3r_2$ und einem Bolzen Z auf dem Rand von k_2 bzw. im Abstand $\frac{r_2}{2}$ von M_2; das kleine Rad k_2 in der Ausgangsposition und bezogen darauf um 60° bzw. 120° bzw. 180° gedreht, das große k_1 entsprechend in seiner Ausgangsposition und um 20° bzw. 40° bzw. 60° rotiert (erstellt mit © GeoGebra)

In Abb. 17.6 schließlich ist eine Variante zu sehen, bei der $r_1 = 4r_2$ gilt.[3] Es sind drei Bolzen Z_1, Z_2 und Z_3 auf k_2 angebracht, jeweils im Abstand $\frac{3r_2}{4}$ von M_2, wie bei Abb. 17.3 regelmäßig auf k_2 verteilt.

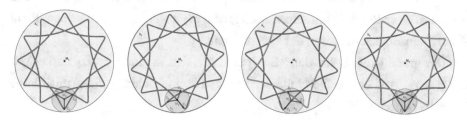

Abb. 17.6   Modell mit $r_1 = 4r_2$ und einem drei Bolzen Z_1, Z_2, Z_3 im Abstand $\frac{3r_2}{4}$ von M_2; das kleine Rad k_2 in der Ausgangsposition und bezogen darauf um 40° bzw. 80° bzw. 120° gedreht, das große k_1 entsprechend in seiner Ausgangsposition und um 10° bzw. 20° bzw. 30° rotiert (erstellt mit © GeoGebra)

Die Variationen in den Abbildungen 17.4 – 17.6 sind mathematische Konstrukte, die die Rollkurven-Verwendung aus der Ausgangskonstruktion (Abb. 17.1 und Abb. 17.3) aufgreifen und weiterführen.

Man kann hinterfragen, inwiefern denn auch diese Aufbauten praxistauglich sind (Aufgabe **3**) – beispielsweise fachübergreifend im Technik- oder Physikunterricht.

---

3   Ein Bolzen auf dem Rand von k_2 hätte bei diesem Übersetzungsverhältnis eine **Asteroide** als Ortslinie.

Rollkurven III – Ein kurviger Antrieb

In Abb. 17.7 sind zwei Räder als Kreise dargestellt. Der kleine Kreis k_2 mit Radius r_2 wird zu einer Rotation um seinen Mittelpunkt M_2 angetrieben. Auf seinem Rand ist bei Z ein Bolzen befestigt, der sich mitdreht.

Der große Kreis k_1 hat den Mittelpunkt M_1, den Radius $r_1 = 2r_2$ und es gilt $\overline{M_1M_2} = r_2$. Auf einem Durchmesser von k_2 ist eine Schiene S_1S_2 (mit Länge $2r_1 = 4r_2$) angebracht.

Während sich nun k_2 dreht, läuft der Bolzen Z in dieser Schiene und treibt dadurch auch k_1 zu einer Drehung an, um den Punkt M_1 und mit der halben Geschwindigkeit der Rotation von k_2.

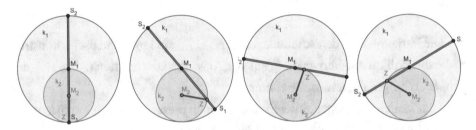

Abb. 17.7 k_2 wird gedreht, Z läuft in der Schiene S_1S_2 und treibt so k_1 ebenfalls zu einer Rotation an. (Modell erstellt mit © GeoGebra)

1   Erläutert, wie in der beschriebenen Konstruktion die Bewegungsübertragung von k_2 auf k_1 funktioniert.

Dazu bietet sich folgende Vorgehensweise an (Ihr könnt es aber auch anders machen):

a   Ändert die Perspektive und nehmt zunächst an, der Kreis k_1 ruhe und k_2 rolle darin. Zeigt, dass der Bolzen Z sich relativ zu k_1 auf einer geraden Linie bewegt. Dazu dürft Ihr Abb. 17.8 verwenden.

b   Wechselt nun nochmal die Perspektive zurück zur Ausgangskonstellation und erklärt mit Hilfe von **a** die Funktionsweise des Antriebs.

Der Antrieb aus Abb. 17.7 funktioniert, weil die gerade Schiene S_1S_2 auf k_1 genau der Rollkurve des Punktes Z entspricht, wenn k_2 in k_1 rollt.[4]

---

4   Bei dieser Rollkurve handelt es sich um eine **Hypotrochoide**, weil k_2 innen an k_1 abrollt. (Es ist sogar der Spezialfall einer **Hypozykloide**, weil Z auf dem Rand von k_2 liegt.) Eine Übersicht über verschiedene Arten von Rollkurven ist zu finden in Kapitel 6 Rollkurven I – Die Zahn-Zahlen eines Spirographen auf S. 41 oder in 14 Rollkurven II – Mit Uhren und

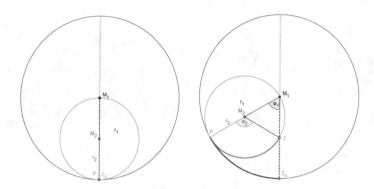

Abb. 17.8 k_1 ruht, k_2 rollt darin; Z bewegt sich auf dem Durchmesser durch Z_0 (Ausgangsposition von Z) und M_1. (Modell erstellt mit © GeoGebra)

Nun könnte man einen entsprechenden Antrieb konstruieren für Fälle, in denen die Rollkurve des Bolzens eine andere ist. Einige theoretisch mögliche Variationen sollt Ihr in Aufgabe **2** zuordnen. Aufgabe **3** fragt dann nach praktischen Aspekten eines solchen Antriebs.

2 Drei Arten von Modifikationen bieten sich an, um andere Schienen auf k_1 zu benötigen. Man kann …

… mehrere Bolzen auf k_2 befestigen,

… Bolzen nicht auf dem Rand von k_2, sondern weiter innen installieren,

… einen anderen Radius für k_1 (relativ zu k_2) nehmen.

Die Abbildungen 17.9–17.13 zeigen jeweils in vier Positionen ein Rad k_1 mit Schienen. Wie groß ist k_2 jeweils relativ dazu? Wo auf k_2 befindet/-n sich der/die Bolzen Z bzw. $Z_1, Z_2, Z_3, \ldots$? Zeichnet für jede Abbildung den Kreis k_2 und die Bolzen ein.

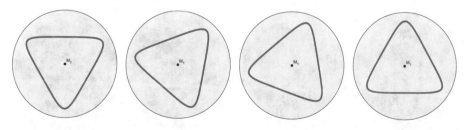

Abb. 17.9 Modell mit k_1 in seiner Ausgangsposition und um 20° bzw. 40° bzw. 60° rotiert (erstellt mit © GeoGebra)

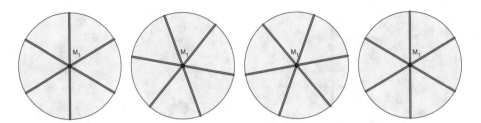

Abb. 17.10   Modell mit k_1 in seiner Ausgangsposition und um 20° bzw. 40° bzw. 60° rotiert (erstellt mit © GeoGebra)

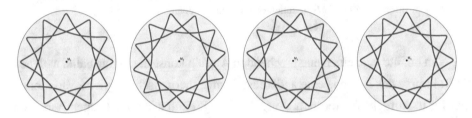

Abb. 17.11   Modell mit k_1 in seiner Ausgangsposition und um 10° bzw. 20° bzw. 30° rotiert (erstellt mit © GeoGebra)

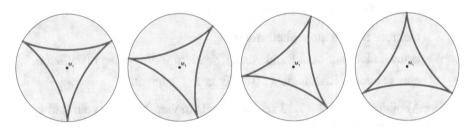

Abb. 17.12   Modell mit k_1 in seiner Ausgangsposition und um 20° bzw. 40° bzw. 60° rotiert (erstellt mit © GeoGebra)

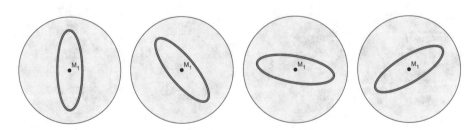

Abb. 17.13   Modell mit k_1 in seiner Ausgangsposition und um 40° bzw. 80° bzw. 120° rotiert (erstellt mit © GeoGebra)

3 Ein Antrieb mit geraden Schienen wie in Abb. 17.7 oder 17.10 hat tatsächlich einen Praxisbezug.

Diskutiert, welche Probleme – oder auch Vorteile – es demgegenüber mit den Variationen aus den Abbildungen 17.9, 17.11, 17.12 und 17.13 bei einer realen Nutzung geben könnte. Ihr könnt dabei etwa Aspekte berücksichtigen wie Kraftübertragung, Reibung, Verschleiss, spitze Umkehrpunkte oder ein Verhaken der Bolzen dort, wo sich die Schienen kreuzen. Welchen Einfluss haben darauf jeweils die Anzahl und Anordnung der Bolzen? Welche Rolle spielt das Verhältnis der Radien r_1 und r_2?

Literaturverzeichnis

[1] DUDEN. http://www.duden.de, Abruf: 14.04.2017

[2] BÜCHTER, Andreas; LEUDERS, Timo: *Mathematikaufgaben selbst entwickeln.* Berlin: Cornelsen, 2005

[3] BLASCHKE, Wilhelm; MÜLLER, Hans R.: *Ebene Kinematik.* München: Oldenbourg, 1956

[4] BOTTEMA, Bernard; ROTH, Oene: *Theoretical Kinematics.* Dover Publications, 1990

[5] COXETER, H. S. M.; GREITZER, Samuel L.: *Zeitlose Geometrie.* Stuttgart: Klett, 1983

[6] HAGEDORN, Leo; THONFELD, Wolfgang; RANKERS, Adrian: *Konstruktive Getriebelehre – Arbeitsblätter.* Version: 6. Aufl., 2009. http://www.konstruktivegetriebelehre.de/arbeitsblaetter.html, Abruf: 01.12.2015

[7] HALL, Allen S.: *Kinematics and Linkage Design.* Prentice-Hall, Inc., Englewood Cliffs, N.J., 1961

[8] KEMPE, Alfred B.: How to Draw a Straight Line: A Lecture on Linkages. In: *Classics in mathematics education 6,* 1877

[9] KOBBERT, Max J.: *Das verrückte Labyrinth.* Ravensburg: Ravensburger, 1986

[10] KRAUTER, Siegfried; BESCHERER, Christine: *Erlebnis Elementargeometrie.* 2. Aufl. Berlin, Heidelberg: Springer Spektrum, 2013

[11] LERGENMÜLLER, Arno (Hrsg.); SCHMIDT, Günter (Hrsg.): *Mathematik Neue Wege 5.* Braunschweig: Schroedel, 2005

[12] LERGENMÜLLER, Arno (Hrsg.); SCHMIDT, Günter (Hrsg.): *Mathematik Neue Wege 6*. Braunschweig: Schroedel, 2007

[13] LERGENMÜLLER, Arno (Hrsg.); SCHMIDT, Günter (Hrsg.): *Mathematik Neue Wege 7*. Braunschweig: Schroedel, 2007

[14] LERGENMÜLLER, Arno (Hrsg.); SCHMIDT, Günter (Hrsg.): *Mathematik Neue Wege 5*. Braunschweig: Schroedel, 2008 (Baden-Württemberg)

[15] LERGENMÜLLER, Arno (Hrsg.); SCHMIDT, Günter (Hrsg.): *Mathematik Neue Wege 8*. Braunschweig: Schroedel, 2008

[16] LERGENMÜLLER, Arno (Hrsg.); SCHMIDT, Günter (Hrsg.): *Mathematik Neue Wege 9*. Braunschweig: Schroedel, 2009

[17] LERGENMÜLLER, Arno (Hrsg.); SCHMIDT, Günter (Hrsg.): *Mathematik Neue Wege 10*. Braunschweig: Schroedel, 2010

[18] LOCKWOOD, E. H.: *A Book of Curves*. Cambridge University Press, 1961

[19] MCCARTHY, J. M.: *Geometric Design of Linkages*. New York: Springer, 2000

[20] MINISTERIUM FÜR SCHULE UND WEITERBILDUNG DES LANDES NORDRHEIN-WESTFALEN (Hrsg.): *Kernlehrplan für das Gymnasium – Sekundarstufe I (G8) in Nordrhein-Westfalen Mathematik*. 1. Aufl. Frechen: Ritterbach Verlag GmbH, 2007

[21] MINISTERIUM FÜR SCHULE UND WEITERBILDUNG DES LANDES NORDRHEIN-WESTFALEN (Hrsg.): *Kernlehrplan für die Sekundarstufe II Gymnasium/Gesamtschule in Nordrhein-Westfalen Mathematik*. 1. Aufl. Düsseldorf, 2013

[22] MINK, Mareike: *Geometrische Begriffsentwicklung anhand technischer Anwendungen der Kinematik*. Bonn: Ingenieurwissenschaftlicher Verlag, 2016

[23] MÜLLER, Reinhold: *Einführung in die Theoretische Kinematik*. Berlin: Springer, 1932

[24] REULEAUX, Franz: Die praktischen Beziehungen der Kinematik zu Geometrie und Mechanik. In: *Lehrbuch der Kinematik* Bd. 2. Braunschweig: F. Vieweg und Sohn, 1900

Sachverzeichnis

Printed in the United States
By Bookmasters